Metternich / Müller / Hertle / Longard / Wang

Digitales Shopfloor Management

Ihr Plus – digitale Zusatzinhalte!

Auf unserem Download-Portal finden Sie zu diesem Titel kostenloses Zusatzmaterial. Geben Sie dazu einfach diesen Code ein:

plus-dmnqk-p72qr

plus.hanser-fachbuch.de

Joachim Metternich
Marvin Müller
Christian Hertle
Lukas Longard
Yuxi Wang

Digitales Shopfloor Management

Einführung, Erfolgskonzepte, Werkzeuge

Print-ISBN: 978-3-446-47761-2
E-Book-ISBN: 978-3-446-47906-7
ePub-ISBN: 978-3-446-48129-9

Alle in diesem Werk enthaltenen Informationen, Verfahren und Darstellungen wurden zum Zeitpunkt der Veröffentlichung nach bestem Wissen zusammengestellt. Dennoch sind Fehler nicht ganz auszuschließen. Aus diesem Grund sind die im vorliegenden Werk enthaltenen Informationen für Autor:innen, Herausgeber:innen und Verlag mit keiner Verpflichtung oder Garantie irgendeiner Art verbunden. Autor:innen, Herausgeber:innen und Verlag übernehmen infolgedessen keine Verantwortung und werden keine daraus folgende oder sonstige Haftung übernehmen, die auf irgendeine Weise aus der Benutzung dieser Informationen – oder Teilen davon – entsteht. Ebenso wenig übernehmen Autor:innen, Herausgeber:innen und Verlag die Gewähr dafür, dass die beschriebenen Verfahren usw. frei von Schutzrechten Dritter sind. Die Wiedergabe von Gebrauchsnamen, Handelsnamen, Warenbezeichnungen usw. in diesem Werk berechtigt also auch ohne besondere Kennzeichnung nicht zu der Annahme, dass solche Namen im Sinne der Warenzeichen- und Markenschutz-Gesetzgebung als frei zu betrachten wären und daher von jedermann benützt werden dürften.

Die endgültige Entscheidung über die Eignung der Informationen für die vorgesehene Verwendung in einer bestimmten Anwendung liegt in der alleinigen Verantwortung des Nutzers.

Bibliografische Information der Deutschen Nationalbibliothek:
Die Deutsche Nationalbibliothek verzeichnet diese Publikation in der Deutschen Nationalbibliografie; detaillierte bibliografische Daten sind im Internet unter http://dnb.d-nb.de abrufbar.

www.hanser-fachbuch.de
Lektorat: Lisa Hoffmann-Bäuml
Herstellung: le-tex publishing services GmbH, Leipzig
Covergestaltung: Max Kostopoulos
Titelmotiv: © Piotr Banczerowski
Satz: Eberl & Kœsel Studio GmbH, Kempten
Druck: CPI Books GmbH, Leck
Printed in Germany

Vorwort

Ebenso wie die Produktinnovationen trägt die fortlaufende Verbesserung von Prozessen und Abläufen zum Unternehmenserfolg bei. Prozessinnovationen werden in der Regel top-down durch das Management initiiert und geführt. Dies geschieht im Rahmen der Wertstromplanung oder durch einzelne Verbesserungsprojekte, wie z.B. durch einen Rüstworkshop oder ein Linien-Redesign. Einzelne, große Veränderungsschritte sind häufig die Folge. Demgegenüber steht die tägliche Verbesserung in kleinen Schritten, welche bottom-up durch Mitarbeitende angestoßen und getragen wird - der sogenannte Kontinuierliche Verbesserungsprozess (KVP), japanisch Kaizen.

Dieses Buch adressiert die digitale Unterstützung des Kaizen im Rahmen des Shopfloor Managements.

Der Anfang von Kaizen liegt in der Qualitätsbewegung der 1950er-Jahre und wurde von dem Amerikaner W.E. Deming in Japan geprägt. Anders als bei Innovation geht es bei Kaizen um die kleinen, täglichen Verbesserungsmöglichkeiten, die auf der Ebene der Mitarbeitenden aufgegriffen und umgesetzt werden. Vor allem Toyota lebte die KVP-Philosophie sehr erfolgreich vor, sodass KVP in den 1990er-Jahren zunächst in der deutschen Automobilproduktion unter dem Begriff des Shopfloor Managements (SFM) eingeführt wurde. Seitdem hat sich SFM als Methode zur Führung am Ort der Wertschöpfung in viele Arbeits- und Wirtschaftsbereiche mit dem Ziel verbreitet, eine Kultur der ständigen Prozessverbesserung zu verankern, die Fähigkeit der Mitarbeitenden für Verbesserungsprozesse systematisch einzusetzen und die Mitarbeitenden selbst weiterzuentwickeln.

Grundgedanke ist es, dass Mitarbeitende im Rahmen der Problemlösung und der darauffolgenden Umsetzung von Maßnahmen ihre Problemlösungsfähigkeiten systematisch weiterentwickeln. Dabei vereint SFM technische Lösungen (z.B. Info- und Teamtafeln) mit organisatorischen Abläufen (z.B. dem PDCA-Prozess) und dem Einsatz von Methoden (z.B. zur systematischen Problemlösung). SFM ist somit als ein ganzheitlicher Führungsansatz für die Verbesserung von Abläufen und zur Entwicklung von Mitarbeitenden zu verstehen - und erfolgreich.

Die Nachteile des SFM liegen im Pflegeaufwand der Boards. Daten zum Produktionsstatus und laufende Maßnahmen müssen von Hand erfasst, verteilt und gepflegt werden. Dabei stehen mit der fortschreitenden Digitalisierung vieler Prozesse immer mehr Daten automatisch zur Verfügung. Darüber hinaus schaffen Schnittstellen und Endgeräte neue Möglichkeiten der Interaktion zwischen Produktionsprozess und den Teams, aber auch zur Organisation des KVP-Prozesses selbst. Das SFM bietet für den systematischen KVP in der Produktion (aber auch in anderen Unternehmensbereichen) ein ideales Umfeld. Digitale Technologien können helfen, das SFM entlang seiner Phasen aufwandsärmer, schneller und wirksamer zu gestalten. Dies geschieht zunächst durch das Schaffen einer erhöhten Transparenz, indem automatisch Daten und Kennzahlen zeitnah für den im Rahmen des SFM durchgeführten Dialog bereitgestellt werden. Die gesteigerte Transparenz von Soll- und Ist-Leistung bildet die Grundlage für das Leistungsmanagement, in dessen Rahmen ein Team Verantwortung für den eigenen Prozess übernimmt und Ideen für seine Stabilisierung und Verbesserung entwickelt. Ist eine Ursachenanalyse notwendig, so können digitale Hilfsmittel die strukturierte Problemlösung unterstützen, indem ein schneller Zugriff auf Daten zu defekten Produkten oder Anlagen ermöglicht wird. Darüber hinaus können Problemlösungsmethoden durch strukturierte Anleitungen unterstützt und bereits gelöste Probleme digital dokumentiert werden, um für weitere Aktivitäten zur Verfügung zu stehen. Schließlich können digitale Lösungen die gezielte Kompetenzentwicklung fördern, indem die Problemzuweisung entsprechend den aktuellen Fähigkeiten und der geplanten Entwicklung von Mitarbeitenden erfolgt.

Digitales SFM (dSFM) verfolgt das Ziel, die kreative Leistung der Mitarbeitenden durch die Bereitstellung von Daten und bekannten Lösungen zu verbessern.

Dieses Buch zeigt, wie ein dSFM-System ausgewählt und eingeführt wird, damit es die Philosophie des KVP unterstützt – und so das Unternehmen voranbringt. Dafür werden zunächst aktuelle Herausforderungen für die klassischen Prinzipien der schlanken Produktion erläutert (Kapitel 1). Anschließend werden die Grundlagen von KVP (Kapitel 2) und SFM (Kapitel 3) dargestellt. Denn nur mit dem richtigen Methodenverständnis wird ein dSFM zum Erfolg. Dieses Verständnis wird auch in Kapitel 4 aufgegriffen, welches die Stärken und Chancen, aber auch die Schwächen und Risiken der Digitalisierung des SFM beleuchtet. Es wird auch erklärt, wie sich verschiedene Varianten von dSFM auf ein Unternehmen auswirken. So wird das Wissen aufgebaut, auf dessen Grundlage eine qualifizierte Entscheidung für eine dSFM-Variante getroffen werden kann. Kapitel 5 führt anschließend Schritt für Schritt durch die notwendigen Einführungsschritte, und in Kapitel 6 berichten vier Unternehmen von ihren Erfahrungen im Einführungsprozess unterschiedlicher dSFM-Varianten. Mit der Digitalisierung können aber nicht nur bestehende Prozesse im SFM vereinfacht werden – die entstehende Datengrundlage ermöglicht auch völlig neue Auswertungen. Kapitel 7 zeigt abschließend, welche Erkenntnisse im dSFM mithilfe von KI aus Kennzahlen und Textdaten gewonnen werden können.

Entstanden ist dieses Buch aus den Forschungs- und Praxisprojekten des Instituts für Produktionsmanagement, Technologie und Werkzeugmaschinen (PTW) der TU Darmstadt und seiner Ausgründung der Shopfloor Management Systems GmbH (SFM Systems). Die langjährige Erfahrung in der Gestaltung und Einführung von klassischem und digitalem SFM fließt durch die zahlreichen Praxisbeispiele in dieses Buch ein.

Frühjahr 2024

Joachim Metternich

Inhalt

1 Schlanke Produktion heute

Probleme nachhaltig zu lösen, um Verschwendung zu vermeiden, bleibt das Erfolgsmodell der schlanken Produktion. Veränderte Herausforderungen für produzierende Unternehmen, aber auch neue Möglichkeiten z. B. durch die Digitalisierung führen dazu, dass sich auch die etablierten Lean-Methoden weiterentwickeln müssen, ohne jedoch die grundlegende Lean-Philosophie aufzugeben.

Die schlanke Produktion entstand bei dem japanischen Automobilhersteller Toyota aus der Notsituation, die im Nachkriegsjapan herrschte. Ressourcenknappheit und verhaltene Nachfrage führten zur Notwendigkeit, Verschwendung zu vermeiden und nur das aktuell Notwendige zu produzieren. In der Produktion wurden so Methoden wie Just-in-time (JIT), Pull, Takt und Fluss entwickelt und verfeinert [1]. Über die Jahre wurde die schlanke Produktion kontinuierlich zu einem Managementsystem erweitert. Wir verstehen die schlanke Produktion heute als einen strategischen Ansatz für operative Exzellenz in den Dimensionen Zeit, Qualität, Produktivität und Flexibilität. Sie basiert auf Werten und konsistent vorgelebten Verhaltensweisen wie Führen vor Ort, Respekt, Teamarbeit und dem Entwickeln ausgezeichneter Mitarbeitender (Bild 1.1).

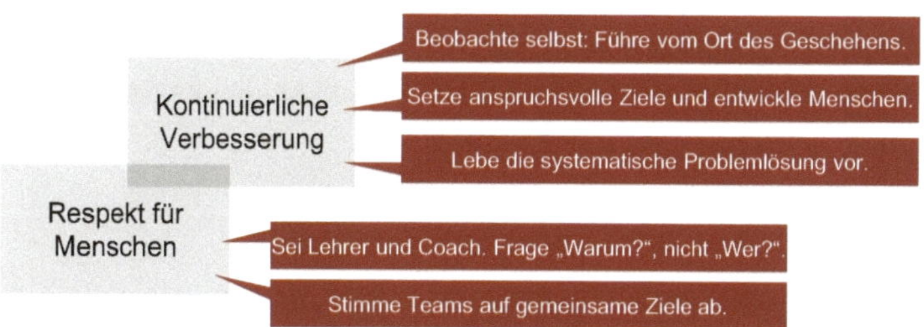

Bild 1.1 Lean-Werte und -Verhaltensweisen am Beispiel von Toyota [2]

Diese Werte und Verhaltensweisen sowie der Anspruch der ständigen Verbesserung lassen sich auf fast alle Bereiche eines Unternehmens übertragen.

In den 1990er-Jahren wurde das Potenzial der schlanken Produktion weltweit erkannt und fand zunächst vor allem in der Automobilindustrie Einzug. Andere Branchen folgten rasch, und so konnten sich in unterschiedlichen Lean-Wellen viele Unternehmen über Jahrzehnte hinweg deutliche Effizienzsteigerungen und Wettbewerbsvorteile erschließen.

Insbesondere seit der Finanzkrise des Jahres 2008 entstand der Eindruck, dass sich das Marktumfeld, die technologischen Möglichkeiten, aber auch die Kundenanforderungen immer schneller und teils auch radikal ändern. Hinzu kommen die Veränderungen auf dem Arbeitsmarkt, was Arbeitskräfteangebot und Erwartungen von Beschäftigten an eine sinnstiftende Beschäftigung angeht. Im Folgenden erläutern wir einige dieser Veränderungen und was sie für die Weiterentwicklung der schlanken Produktion bedeuten [3]:

Individualisierung

In vielen Märkten wächst das Segment kundenindividueller Lösungen. Unternehmen, denen es gelingt, diese Individualität in kürzester Lieferzeit bereitzustellen, können sich einen sichtbaren Wettbewerbsvorteil verschaffen. Um den Zielkonflikt aus Individualität und Reaktionszeit aufzulösen, greift die klassische Verschwendungsdenkweise und damit auch das klassische Wertstromdesign (nach Rother und Shook) zu kurz. Hierfür ist der Umfang möglicher Spezifikationen eines Produkts auf die Fähigkeiten der eigenen Auftragsabwicklung abzustimmen. Der Bestellprozess ist so zu gestalten, dass die folgenden Prozesse (Anpassungsentwicklung, Beschaffung, Arbeitsvorbereitung und Produktion) vor ungewollten Kombinationen von Produktmerkmalen geschützt werden. Angebotsprozesse, Anpassungsentwicklung und Arbeitsvorbereitung sind mithilfe digitaler Lösungen möglichst zu automatisieren. Der Informationsfluss muss durchgängig und integrativ so gestaltet werden, dass die Stimme des Kunden an jedem Arbeitsplatz hörbar ist. Werkerassistenzsysteme können dazu beitragen, an einzelnen Arbeitsplätzen trotz individueller Arbeitsschritte standardisierte Arbeitsschritte zu implementieren - so, wie in der Großserie. Standardisierte Arbeitsschritte führen nicht nur zu einer Effizienzsteigerung, sondern bilden auch die Grundlage für das im SFM so wichtige Abweichungsmanagement (vgl. Abschnitt 2.2).

Gestörte Lieferketten

Das internationale Sourcing oder das Verlagern von Produktion in Niedriglohnländer war in der Vergangenheit zum großen Teil durch Kostengründe und gegebenenfalls durch Local-Content-Vorschriften getrieben. Umsatzausweitungen wurden durch das Erschließen neuer, internationaler Absatzmärkte erreicht. Wie fragil Lieferketten sind, haben die Ereignisse der vergangenen Jahre schmerzhaft vor Augen geführt. Die Sperrung von Häfen, internationale Sanktionen, Unfälle auf wichtigen Handelswegen oder direkter Materialmangel führen dazu, dass die über lange Zeit erfolgreichen Lieferketten gestört werden oder gänzlich zusammenbrechen. Kurzfristig bekommen Bestände, welche aus der Lean-Perspektive zunächst Verschwendung darstellen, eine ganz andere Bedeutung: Sie werden zu „Protective Buffer". Die schlanke Produktion muss – stärker als bisher – Risiko in die Gestaltung solcher strategischen Bestände einbeziehen. Auch das hat Toyota selbst unter Beweis gestellt: Der japanische Automobilhersteller war 2021 erstmalig Marktführer mit den meisten verkauften Autos in den USA. Frühzeitig wurden strategische Bestände an Chips aufgebaut, und so war Toyota im Gegensatz zum lokalen Automobilhersteller General Motors (GM) weiter lieferfähig [4].

Der übergewichtige Kostenfokus im Sourcing hat in die Sackgasse geführt. Mittel- und langfristig müssen Unternehmen ihre Resilienz und Autarkie erhöhen, um lieferfähig zu bleiben und ganze Volkswirtschaften vor Erpressbarkeit zu schützen. Eine verstärke Zusammenarbeit mit Staaten, welche vergleichbare Werte teilen, wird die Folge sein. Die Aktivitäten zu mehr Lokalisierung in den Bereichen Halbleiter, Batterie und Solarenergie sind bereits deutlich sichtbar.

Klimaneutralität und Nachhaltigkeit

Der Druck auf Unternehmen, den CO_2-Ausstoß zu vermindern und ressourcenschonende Produkte herzustellen, kommt sowohl vom Gesetzgeber als auch von den direkten Kunden und Endkonsumenten. In wenigen Jahren wird die Fähigkeit, einen CO_2-Footprint für Produkte ausweisen zu können, darüber entscheiden, ob man liefern darf oder nicht. Für die notwendige Transparenz sind durchgängige Traceability-Lösungen aufzubauen. Die anschließende Regelung und Senkung von spezifischen CO_2-Verbräuchen kann über Kennzahlen und Ziele im Abweichungsmanagement erfolgen. Diese CO_2-bezogenen Abweichungen werden künftig Teil des SFM sein. Gleiches gilt für die Schonung weiterer Ressourcen wie Material und Betriebsmittel. Das Konzept der Kreislaufwirtschaft bietet hierfür ein umfangreiches Instrumentarium, das weit über das Recycling hinausgeht. Um die Wertschöpfung bereits gefertigter Teile zu „retten" und sie wieder in den Produktionskreislauf zurückzuführen, sind zunächst Produktstrukturen zu ändern. Die Tatsache, dass die Produkt- auch die Produktionsstruktur festlegt, wird zu neuen Abläufen in der Rückholung, Demontage, Reinigung, Befundung und Aufarbeitung von Produkten bzw. ihren Komponenten führen, für die auch neue Planungs- und Führungsmethoden notwendig sein werden. Damit diese Abläufe wirtschaftlicher als die Fertigung neuer Teile sind, muss die schlanke Produktion neue Lösungen anbieten – die durch SFM erarbeitet werden können.

Ebenso sind neue Geschäftsmodelle zu entwickeln, um bereits genutzte Teile gemeinsam mit neuen Teilen im Rahmen neuer Produkte wieder auf den Markt zu bringen. Unser Verständnis von „neu" und „gebraucht" wird sich ändern.

Demografischer Wandel

Das bevorstehende Ausscheiden der geburtenstarken Jahrgänge aus dem Erwerbsleben wird absehbar dazu führen, dass die Erwerbsbevölkerung in Deutschland nach einem Höchststand im Jahr 2022 absinkt. Dies wird eine der Ursachen für den künftigen Fachkräftemangel sein. Verschärft wird diese Situation durch eine seit einigen Jahren sinkende Zahl von Anfängerinnen und Anfängern in einschlägigen Ingenieurstudiengängen. Während der Ersatzbedarf in MINT-bezogenen Tätigkeiten ansteigt, sinkt also das künftige Angebot. Hinzu kommen ein steigender Anteil von Erwerbstätigen in Teilzeit, ein späterer Eintritt ins Erwerbsleben sowie die individuelle Neugewichtung von Privat- und Arbeitsleben. Klar ist, dass es massiver Produktivitätssteigerungen bedarf, wenn die Wirtschaftsleistung und damit der Wohlstand gesichert werden sollen. Hierzu sind, anders als in der Vergangenheit, auch Tätigkeiten zu automatisieren, die sich den mittleren Qualifikationsbereichen zuordnen lassen, wie planende und steuernde Tätigkeiten.

Klar ist auch, dass sich die Kompetenzanforderungen an die Beschäftigten schneller als früher und gegebenenfalls mehrfach in einem Berufsleben ändern. Eine kontinuierliche Weiterbildung der Belegschaften wird zu einem wichtigen Wettbewerbsfaktor. Diese wird stärker als in der Vergangenheit arbeitsnah bzw. sogar arbeitsintegriert stattfinden und so dem Entwicklungsansatz des KVP eine noch größere Bedeutung geben. Dies kann das SFM z. B. dadurch aufgreifen, dass Mitarbeitenden gezielt Aufgaben zugewiesen werden, an denen sie ihr bestehendes Kompetenzniveau schrittweise weiterentwickeln können.

Digitalisierung von Prozessen und Produkt

Die Digitalisierungswelle unter dem Schlagwort „Industrie 4.0“ hat gerade in Bezug auf die schlanke Produktion viele Fragen aufgeworfen. So wurden durch die Industrie 4.0 Prozesse angestrebt, die sich auf der Basis von Daten und ihrer Auswertung selbst optimieren. Lean hingegen stellt den Menschen und seine Fähigkeiten zur Problemlösung in den Mittelpunkt. Inzwischen haben wir auf der Basis von Daten und künstlicher Intelligenz (KI) mächtige Werkzeuge im KVP zur Verfügung. Das aufwandsarme Nachrüsten von Sensoren, standardisierte Schnittstellen und die freie Konfigurierbarkeit von Dashboards erleichtern das Schaffen von Transparenz und das Erkennen von Abweichungen. Dies ist ganz im Sinne von Lean. Frei verfügbare Bibliotheken leistungsfähiger KI-Algorithmen lassen sich ohne tiefes Expertenwissen konfigurieren und in operative Überwachungsprozesse integrieren. Dies ermöglicht prädiktive Ansätze in der Qualitätssicherung und in der Instandhaltung. Die Vision ist hier, Abweichungen allein auf der Basis verfügbarer Prozessdaten zu finden, bevor sich Leistungsverluste einstellen oder Defekte entstehen.

Während die Industrie 4.0 Flexibilität durch das Auflösen fester Prozessverknüpfungen und festgelegter Sequenzen in den Vordergrund stellt, beruht Lean auf Standards als Grundlage des KVP. Standards sind dadurch charakterisiert, dass eine Zeitvorgabe pro Arbeitsschritt vorliegt („Takt“), die Reihenfolge der Arbeitsschritte festgelegt ist („Sequenz“) und bei der Anzahl von Teilen eine Obergrenze nicht überschritten werden darf („Bestand“). In vielen Praxisbeispielen zeigen Unternehmen, dass die Verbindung beider Denkweisen möglich ist. Mit Produkten, die sich das nächste freie Arbeitssystem selbständig suchen, die als Informationsträger ein Arbeitssystem vorbereiten (z. B. durch automatische Programmerzeugung oder Parameterwahl), die automatisch die Konfiguration von Arbeitsanweisungen anstoßen und die Materialentnahme durch entsprechende Pick-by-Technologien absichern, wird die Idee von schlanker Standardarbeit auch im Kleinserien- bzw. Einzelstückumfeld umsetzbar.

Darüber hinaus ermöglichen es Methoden der „Data Analytics“, die Daten aus ERP-Systemen, MES und gegebenenfalls weiteren Meldepunkten zu nutzen, um etablierte Lean-Methoden weiterzuentwickeln. Ein Beispiel hierfür ist die Wertstrommethode. Hier lassen sich z. B.

- Produkte auf der Basis von Produkt-Prozess-Matrizen mithilfe der Clusteranalyse zu Produktfamilien zusammenfassen,
- unbekannte Prozessverknüpfungen durch „Process Discovery“ entdecken,
- Zyklus-, Rüst- und Liegezeiten sowie Bestandsveränderungen durch die Analyse von Meldezeiten bestimmen,
- Arbeitssysteme in Umfang und Kapazität mithilfe mathematischer Modelle festlegen und dimensionieren.

Aber nicht nur auf die unternehmensinternen Abläufe hat die Digitalisierung Auswirkungen, auch der Markt ändert sich schnell und manchmal disruptiv. Nicht nur die Vertriebs- und Marketingkanäle haben sich ins Internet verschoben, sondern auch der für den Kunden geschaffene Wert kann durch digitale Geschäftsmodelle erhöht werden. Traditionelle Geschäftsmodelle waren auf einzelne Kaufabschlüsse fokussiert und lieferten kaum Wertschöpfung in der Nutzungsphase. Stand früher der Kaufabschluss mit dem Transfer eines Guts und der zugehörigen Zahlung im Vordergrund, so steht bei digitalen Geschäftsmodellen auch die Nutzungsphase im Fokus. Konkret geht es z. B. darum, dem Anwendenden eines Produkts durch die Auswertung von Nutzungsdaten Hinweise auf eine verbesserte Nutzung zu geben. Dabei kann es sich um Prozesseinstellungen handeln, Qualitätsvorhersagen oder -verbesserungen oder Instandhaltungsempfehlungen. Darüber hinaus ermöglicht die Konnektivität von Maschinen und ihrer Komponenten neuartige Bezahlmodelle, die z. B. klassisches Leasing ersetzen. Fixe Raten können durch Zahlungen ersetzt werden, deren Höhe sich an dem jeweils aufgebrauchten Abnutzungsvorrat einer Komponente orientiert. Bisher tun sich viele Unternehmen jedoch noch schwer, ihren Kunden den Nutzen digitaler Services zu erklären, sie entsprechend zu bepreisen und abzurechnen.

Unabhängig davon, ob es sich um die Digitalisierung von Prozessen oder Produkten bzw. Services handelt: Die Ansprüche an die digitalen Kompetenzen der Mitarbeitenden steigen weiter. Mehr denn je müssen sie digitale Lösungen implementieren, Daten und Information erfassen und schließlich so interpretieren können, dass die Entscheidungsqualität steigt.

dSFM ist der ideale Ort und Zeitpunkt, diese Kompetenzen zu entwickeln und gleichzeitig den KVP in den Prozessen voranzutreiben.

2 Der Kontinuierliche Verbesserungsprozess im Shopfloor Management

Stabile und standardisierte Prozesse sind die Grundlage der systematischen Verbesserung. Für sie kann eine Normalleistung definiert und es können Prozessvorgaben gemacht werden. Im Abgleich mit der tatsächlichen Prozessleistung erlauben diese Prozessvorgaben das Erkennen von Abweichungen und triggern die Verbesserungsprozesse im SFM. Wir erläutern im Folgenden die Begriffe Kaizen, KVP und Prozessvorgabe im Rahmen des SFM.

2.1 Einordnung von Kaizen, kontinuierlicher Verbesserung und Shopfloor Management

Dieser Abschnitt erläutert, wie sich Verbesserungsprojekte vom KVP-Ansatz im SFM unterscheiden.

Kaizen bedeutet wörtlich zunächst einfach „Veränderung zum Besseren“. Mit Kaizen werden daher auch Aktivitäten von ganz unterschiedlichem Umfang bezeichnet (Bild 2.1).

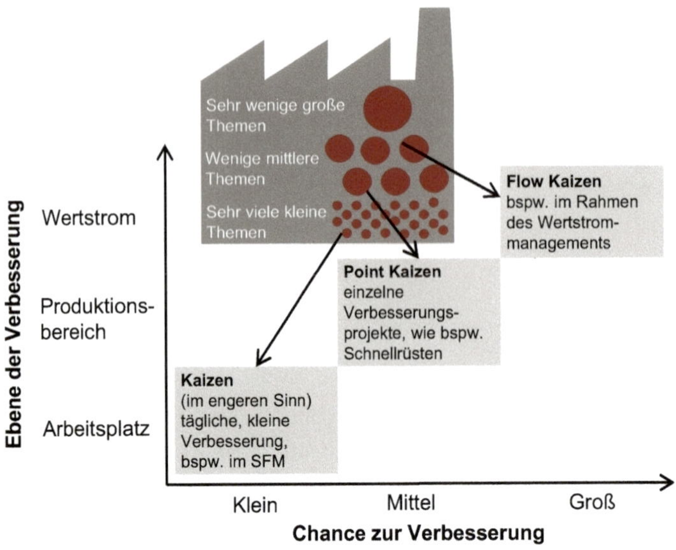

Bild 2.1 Einordnung von SFM im Kontext von Kaizen

Verbesserungsaktivitäten auf der Ebene des Wertstroms (Flow Kaizen) adressieren die Verschwendungen, welche aus dem Zusammenspiel mehrerer Abteilungen, Maschinen und Arbeitsplätze entstehen und z. B. für viel Transport, lange Durchlaufzeiten und hohe Bestände sorgen. Im Rahmen des Wertstrommanagements können z. B. durch das Bilden von Flussinseln, das Einrichten von Pull-Verbindungen und das Synchronisieren von Material- und Informationsflüssen große Effizienzsteigerungen erreicht werden. Verschwendungen, die einzelne Arbeitsplätze oder Maschinen und Anlagen hervorrufen, können durch Verbesserungsprojekte angegangen werden (Point Kaizen). Beispiele sind das schnelle Rüsten einer Werkzeugmaschine, die Umgestaltung eines Lagers zur Verringerung der Laufwege oder die ergonomische Neugestaltung von Arbeitsplätzen. Bei dieser Art des Vorgehens gibt es in der Regel klare Zielvorgaben (z. B. Rüstzeit von x Stunden auf y Minuten reduzieren). Aufbauend auf einer Verschwendungsanalyse wird durch ein Projektteam ein Zielzustand erarbeitet, der durch eine Abfolge von Verbesserungsaktivitäten erreicht werden soll. Diese werden in einem Projektplan mit klarer Vorgabe von Verantwortlichkeiten und Zeit zusammengefasst und fortlaufend verfolgt. Wird dabei ein neuer Prozess definiert oder auch eine neue Technologie eingeführt, ist es notwendig, eine kontinuierliche Überprüfung des erreichten Zustands sicherzustellen. Geschieht dies nicht, so besteht die Gefahr, dass ein Teil der erreichten Verbesserungen wieder verloren geht (Bild 2.2).

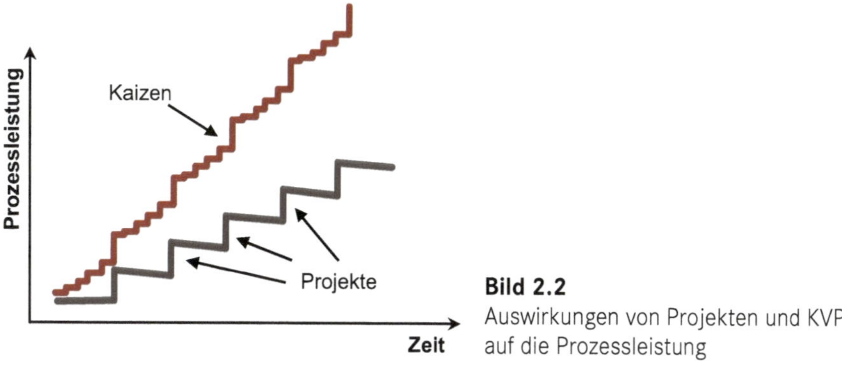

Bild 2.2
Auswirkungen von Projekten und KVP auf die Prozessleistung

Im engeren und gebräuchlichen Sinne wird unter Kaizen der Kontinuierliche Verbesserungsprozess (KVP) verstanden. Im Rahmen des KVP werden durch die Belegschaft fortlaufend Verbesserungsmöglichkeiten und Probleme aufgezeigt und mit einfachen Mitteln vor Ort gelöst. Die einzelnen Schritte sind dabei klein, kostengünstig und unspektakulär und es kommen kontinuierlich immer weitere hinzu (Tabelle 2.1).

Tabelle 2.1 Unterschiede zwischen KVP und Veränderungsprojekten (auf Basis von [7])

	KVP	Projekt
Effekt	Kleine, unspektakuläre Schritte	Große, einschneidende Veränderungen
Umfang	Kontinuierlich	Einmalig
Beteiligung	Alle als Kollektiv	Einzelne als Experten
Ansatz	Stabilisieren, standardisieren und dann verbessern	Zerstören und neu aufbauen
Auslöser	Vorhandenes Wissen	Innovationen
Aufwand	Kleine Investition	Hohe Investition
Fokus	Menschen verbessern	Technologie als Treiber

Der KVP ist sehr gut geeignet, das Wissen der Mitarbeitenden über ihre Arbeitsprozesse und Anlagen für eine Stabilisierung und schrittweise Verbesserung zu erschließen. Aber auch der klassische KVP braucht ein geeignetes Umfeld, damit er initiiert und weitergetragen wird sowie zielgerichtet abläuft. Neben kulturellen Aspekten wie Vertrauen, Fehlertoleranz und Freiraum spielt auch eine angemessene Infrastruktur und Organisation eine Rolle. SFM bietet einen ausgezeichneten Rahmen, um den KVP immer wieder neu anzustoßen und zielgerichtet ablaufen zu lassen. Es liefert den methodischen, zeitlichen und räumlichen Kontext, um die richtigen Stakeholder und Wissensträger zusammenzubringen, die täglich neue Verbesserungsmöglichkeiten erkennen, priorisieren, in Aktivitäten überführen und ihre Abarbeitung verfolgen.

2.2 Voraussetzung für die kontinuierliche Verbesserung: Prozessvorgaben

Die Voraussetzung einer kontinuierlichen und zielgerichteten Verbesserung ist es, dass Mitarbeitende mit einem Blick erkennen können, ob sich ihr Prozess im Normalzustand befindet oder ob eine Abweichung vorliegt. Grundlage hierfür sind realistische Prozessvorgaben. Abweichungen von diesen Vorgaben bieten zudem den Führungskräften Ansatzpunkte für einen qualifizierten Leistungsdialog. Dieser Abschnitt zeigt Notwendigkeit und Varianten von Prozessvorgaben sowie die Möglichkeiten, sie im KVP einzusetzen.

2.2.1 Notwendigkeit von Prozessvorgaben

Ohne Prozessvorgaben ist nicht objektiv erkennbar, ob sich ein Prozess im Normalzustand befindet oder ob eine Abweichung vorliegt (Bild 2.3).

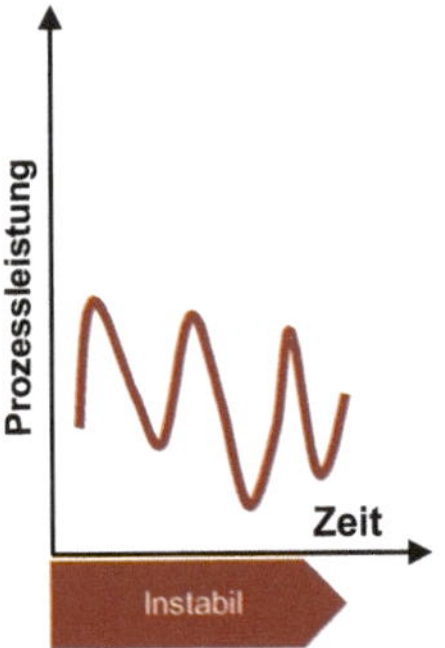

Bild 2.3
Ohne die Vorgabe einer erwarteten Prozessleistung ist keine Abweichung erkennbar

In einem stark schwankenden Umfeld ohne Zielvorgaben sind Abweichungen nicht systematisch erkennbar. Es gibt zwar ein „besser" oder „schlechter" - aber es gibt kein Vergleichsniveau für ein „zu schlecht" oder ein „gut genug".

„Ohne Standards gibt es keine Probleme, sondern nur Meinungen."
Nate Furuta, Präsident und CEO von Toyota Boshoku [1]

Um realisierbare Zielvorgaben festlegen zu können, ist zunächst die Schwankungsbreite für einen Prozess proaktiv zu reduzieren. Diese Zielwerte reflektieren die Normalleistung eines Prozesses. Sie liefern damit auch das Vergleichsniveau für den aktuellen Prozesszustand. Es kann so objektiv festgestellt werden, ob ein Prozess „gut" oder „schlecht" abläuft und ob Verbesserungsaktivitäten notwendig sind. Es zählen nicht mehr nur Meinungen und Einschätzungen, sondern die messbare Erreichung der Prozessvorgaben (Bild 2.4).

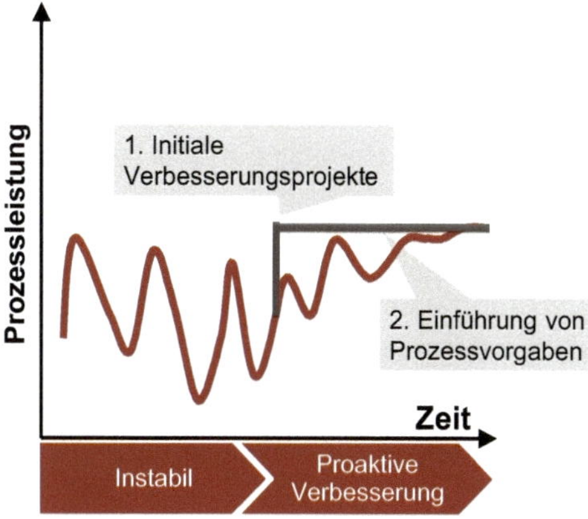

Bild 2.4
Veränderung der Prozessleistung über der Zeit beim Einsatz von Verbesserungsprojekten und SFM

2.2.2 Prozessvorgaben: Standards und Kennzahlen

Prozessvorgaben bilden also den Auslöser des KVP im Rahmen des SFM. Daher lohnt es sich, die unterschiedlichen Prozessvorgaben genauer zu betrachten. Im Rahmen dieses Buches unterteilen wir die Prozessvorgaben zum einen in Standards und zum anderen in die daraus folgenden Ziele für bestimmte Prozesskennzahlen (Bild 2.5).

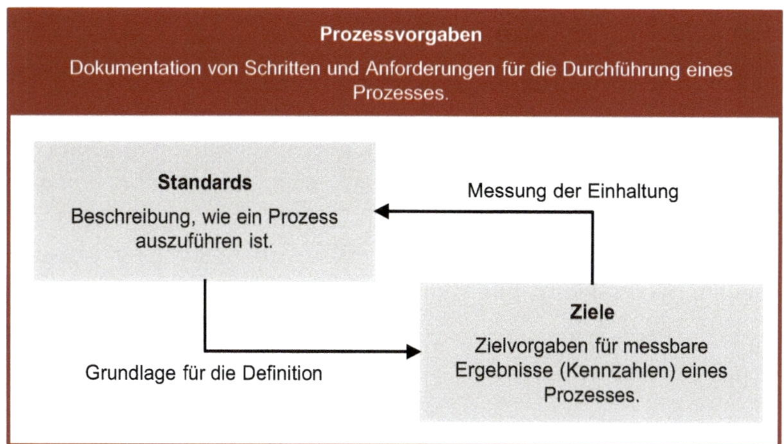

Bild 2.5 Beziehung zwischen Prozessvorgaben, Standards und Kennzahlen

Aus einer Prozessbeschreibung können Ziele abgeleitet werden, z. B. bei Einhaltung der Vorgaben ergibt sich eine Prozesszeit von 1:30 Minuten. Dies kann dann als Ziel für die Prozesszeit ausgegeben und gemessen werden. Eine Überschreitung ist dann ein Indikator, dass die Standards nicht eingehalten wurden.

Bei den Standards unterscheiden wir zwischen Standardarbeit, technischen Prozessstandards und allgemeinen Arbeitsstandards. Die Standardarbeit legt Arbeitssequenz, Zeiten und Bestände an Arbeitsplätzen fest. Die zugehörigen Festlegungen finden sich in den folgenden Dokumenten:

- Die klassische Arbeitsanweisung definiert, wie und mit welchen Hilfsmitteln Tätigkeiten an einem Arbeitsplatz auszuführen sind, und gibt z. B. Hinweise, welche Aspekte der Tätigkeit besonders kritisch sind und Beachtung verdienen.
- Im Standardarbeitsblatt (englisch: Standardised Work Chart) werden die Sequenz der Arbeitsschritte, der Bestand an Material und Produkten sowie die Taktzeit in einem Arbeitssystem definiert.
- Das Arbeitsablaufdiagramm (englisch: Work Element Combination Chart) zeigt darüber hinaus die Arbeitsverteilung zwischen Mensch und Maschine, z. B. bei der Mehrmaschinenbedienung.

Darüber hinaus sind technische Prozessstandards zu beachten, die sich an Maschinen und Anlagen oder auch in Programmen oder Einstellungsvorgaben finden. Beispiele für technische Standards sind Drücke, Temperaturen, Umdrehungen, Mengen an Verbrauchsmaterial, Ölsorten und Fristen etc.

Zudem gibt es allgemeine Arbeitsstandards, die für einen Arbeitsbereich oder eine Fabrik gelten, z. B. das Vorgehen bei Schichtwechsel oder Materialabruf, statistischer Prozesskontrolle, 5S-Audits usw.

Für wichtige operative Standards sollten Kennzahlen definiert und Ziele abgeleitet werden. Zum Beispiel lassen sich aus Vorgabezeiten und OEE Zielstückzahlen berechnen und innerhalb einer Schicht für einen Soll-Ist-Vergleich verwenden (vgl. Abschnitt 3.2). Ein Unterschreiten des Ziels am Ende einer Schicht führt in jedem Fall zu einer Abweichung und triggert einen KVP im SFM. Kennzahlen, die nicht aus einer Prozessbeschreibung abgeleitet werden, z. B. Kostenreduktion um pauschal 5 %, sind eventuell nicht erreichbar und eignen sich daher weniger für das SFM.

Es ist also notwendig, Prozessvorgaben sorgfältig zu erstellen, damit sie ihre Funktion zur Steuerung des KVP erfüllen.

2.2.3 Standards erstellen

Standards sind die Grundlage der kontinuierlichen Verbesserung. Aber wie gelangt man zu einem Standard? Der grundlegende Ablauf ist in Bild 2.6 dargestellt.

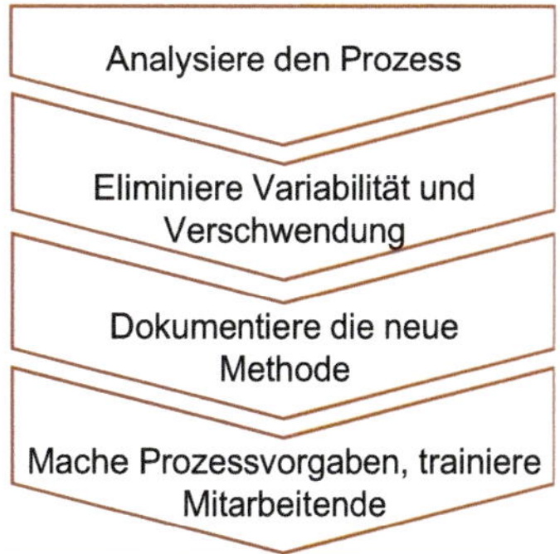

Bild 2.6
Der grundlegende Ablauf auf dem Weg zu Standardarbeit [6]

Zunächst gilt es, den zu standardisierenden Prozess grundlegend zu verstehen und Verschwendungen sowie Variabilität zu erkennen. Hierfür steht eine Reihe von Lean-Methoden zur Verfügung. Die Ursachen sind gemeinsam mit den Beteiligten zu verstehen und durch Verbesserungsaktivitäten zu eliminieren. Im nächsten Schritt geht es darum, den neuen Prozess in seinem Ablauf zu beschreiben (z. B. durch Standardarbeitsblätter, Arbeitsanweisungen etc.). Häufig wird nun versäumt, die Mitarbeitenden in den neuen Abläufen intensiv zu schulen, Fragen zu klären und den Standard nachzuschärfen. Schließlich geht es auch darum, neue Verhaltensweisen zu verankern und nachzuhalten. Hierfür ist in manchen Fällen eine langfristige Präsenz und Unterstützung durch die Teamleitung und Führungskräfte am Ort des Geschehens notwendig. Im Ergebnis erhält man ein Produktionsumfeld, in dem Mitarbeitende in der Lage sind, auf stabilen Maschinen und Anlagen mit durchgängig verfügbarem Material und in fähigen Produktionsprozessen und klar festgelegten Arbeitssequenzen eine gleichmäßig hohe Stückzahl in der geforderten Qualität abzuliefern.

In vielen Fällen ist es aufgrund instabiler Prozesse noch zu früh, Standardarbeit einzuführen. Instabile Prozesse laufen nicht immer zwangsläufig schlecht, unter Umständen können auch diese eine hohe Prozessleistung erbringen. Jedoch führen zu starke Schwankungen in wichtigen Leistungsparametern (Qualität, Ausbringung, Verfügbarkeit usw.) dazu, dass Prozessvorgaben durchgängig nicht eingehalten werden können. Dies würde einen systematischen KVP, wie wir ihn im SFM verfolgen wollen, überfordern. Es gilt, diese Variabilität zu erkennen und ihre Ursachen vorab zu eliminieren wie z. B.:

- Ausfälle von Betriebsmitteln,
- stark unterschiedliche Bearbeitungszeiten,
- fehlende technische Stabilität (z. B. Druck, Temperatur),
- ungeeigneter Prozess (z. B. Beschädigungen durch Transport),
- fehlendes Material,
- Qualitätsmängel,
- ungleichmäßige Einsteuerung von Aufträgen.

Bei einem Hersteller von Verpackungsmaschinen werden Aufträge aus dem Folgemonat vorgezogen, wenn der monatliche Planumsatz noch nicht erreicht ist. Die Folge davon ist, dass es regelmäßig zu chaotischen Zuständen am Ende eines Monats und zum Stillstand am Anfang des nächsten Monats kommt. Diese hausgemachten Schwankungen, die dem KVP entgegenstehen, wären leicht zu vermeiden.

Um dies zu erreichen, gibt es verschiedene Strategien und Werkzeuge sowohl aus dem Lean- als auch aus dem Digitalisierungsbereich (Bild 2.7) [1].

Strategien

- Eliminieren von „großen" Verschwendungsquellen
- Verbessern der operativen Verfügbarkeit
- Variabilität isolieren, konsolidieren und reduzieren (z. B. keine Materialbereitstellung durch Werker)

Werkzeuge der schlanken Produktion

- Verschwendung erkennen, z. B. „Standing in the circle"
- Arbeitsplatzorganisation durch 5S
- Schnelles Umrüsten (SMED)
- Präventive Instandhaltung (TPM)
- Glättung der Auftragseinsteuerung

Digitalisierungsansätze

- Process Mining
- Prädiktive Instandhaltung auf Basis von Condition Monitoring

Bild 2.7 Strategien und Werkzeuge zur Herstellung von Basisstabilität (Auf Basis von [2])

Festzuhalten bleibt, dass die Standardisierung verschwendungsreicher und instabiler Prozesse nicht sinnvoll ist und darüber hinaus keine Basis für ein Abweichungsmanagement bilden kann.

2.2.4 Vom Standard zum Prozessziel

Auf Basis eines Arbeitsstandards können nun Prozessziele definiert werden, die wiederum das Abweichungsmanagement antriggern: Aus erarbeiteten Taktzeiten lassen sich z. B. Tageswerte für die zu erbringende Stückzahl ableiten. Dazu ein Beispiel aus der Montage einer Elektronikbaugruppe (Bild 2.8).

Bild 2.8 Montagearbeitsplatz einer Elektronikbaugruppe (schematisch) [7]

Der Montagearbeitsplatz wird zunächst mit den Beschäftigten vor Ort hinsichtlich Ergonomie und Vorrichtungen grundlegend verbessert, damit der Ablauf stabil über eine Schicht hinweg in der vorgegebenen Zeit ausgeführt werden kann. Anschließend werden die entsprechenden Dokumente der Standardarbeit erstellt (Vorgehen nach Bild 2.6): die Arbeitsanweisung mit der Beschreibung der Tätigkeiten und das Arbeitsablaufdiagramm mit den entsprechenden Zeiten aller Arbeitsschritte (Bild 2.9).

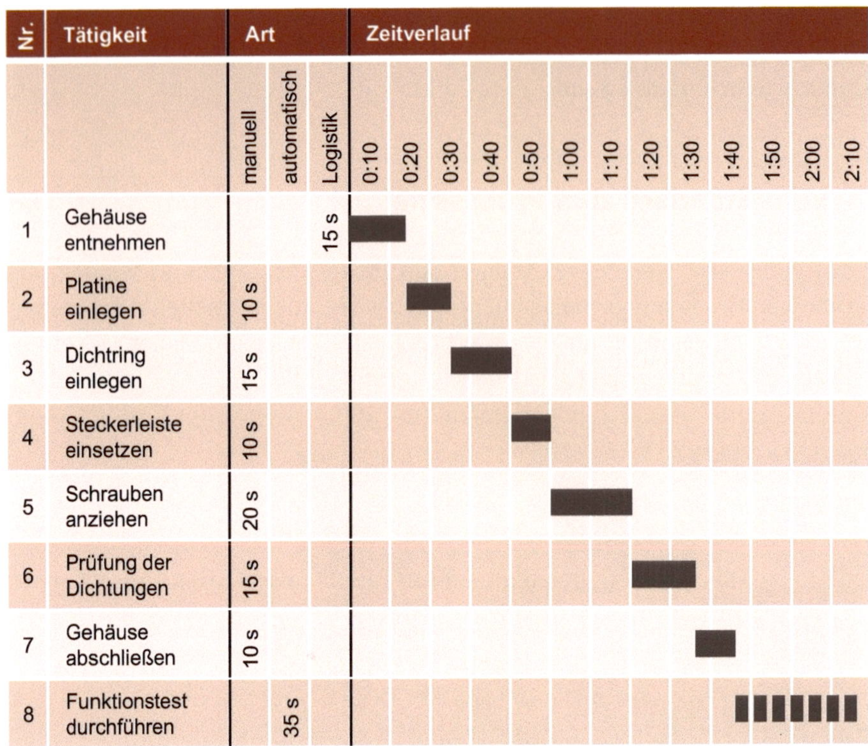

Bild 2.9 Arbeitsablaufdiagramm der Montage einer Elektronikbaugruppe (vereinfacht)

In der linken Spalte sind alle notwendigen Arbeitsschritte zur Montage einer Baugruppe aufgelistet, und im rechten Teil des Dokuments ist jedem Arbeitsschritt eine Zeit zugeordnet und durch Balken visualisiert. Aus der Darstellung wird ersichtlich, dass die Summe aller Einzelzeiten zu einer Gesamtzeit von zwei Minuten und zehn Sekunden pro montierter Baugruppe führt.

Aus der Stückzeit von 2:10 min kann nun eine Soll-Stückzahl pro Schicht bestimmt werden, die als Zielwert für das Abweichungsmanagement dient. Dazu wird zunächst die Arbeitszeit pro Schicht durch die Stückzeit geteilt:

Schichtdauer in Minuten: 480 min

Pausenzeiten: 30 min

Soll-Stückzahl (theoretisch): (480 - 30) min / 2:10 min = 207 Stück

Da jedoch die Linie immer noch einen gewissen Grad an Instabilität hat, wäre dieses Ziel zunächst kaum zu erreichen und jede Schichtleistung würde eine Abweichung erzeugen. Wir empfehlen daher die Einbeziehung der (in diesem Falle bekannten) aktuellen Anlagenverfügbarkeit einer Linie, um die Soll-Stückzahl entsprechend der aktuellen Leistungsfähigkeit anzupassen (in unserem Beispiel ist die Anlagenverfügbarkeit = 70 %). Damit ergibt sich die Soll-Stückzahl zu:

Soll-Stückzahl (praktisch) = 207 Stück × 0,7 = 145 Stück

Mit einem Schichtziel von 145 sollte nun im Abweichungsmanagement gestartet werden, um festzustellen, ob es sensitiv genug ist, um Abweichungen zu generieren, und nicht zu anspruchsvoll ist, damit die Anzahl der Abweichungen den nachfolgenden KVP nicht überfordert. Je stabiler sich der Prozess über die Zeit durch den fortlaufenden KVP entwickelt, desto weniger Abweichungen sind zu erwarten. Das Team muss nun sukzessive die Zielstückzahl anheben, damit weiterhin durch Abweichungen Trigger für den KVP gesetzt werden.

So können auf dem Shopfloor Ziele für das SFM definiert werden – Kennzahlen und Zielsysteme müssen aber auch mit den Unternehmenszielen abgestimmt sein.

2.2.5 Kennzahlen und Ziele

Kennzahlen und zugehörige Ziele sind ein wichtiges Element im SFM. Zielabweichungen von Kennzahlen lösen Analysen und Maßnahmen aus – steuern also, womit sich die Mitarbeitenden und Führungskräfte beschäftigen. Kennzahlen, Ziele und der Umgang mit Zielabweichungen müssen daher sehr bewusst ausgewählt bzw. gestaltet werden.

Kennzahlen müssen sich dazu auf allen Ebenen an den Unternehmenszielen ausrichten und dürfen sich abteilungsübergreifend nicht widersprechen.

Ein klassischer Zielkonflikt besteht zwischen der Maschinenauslastung (gemessen durch die Kennzahl Overall Equipment Effectiveness = OEE) und der Durchlaufzeit. Große Losumfänge reduzieren die Stillstandszeiten durch Rüsten und verbessern so die OEE. Jedoch führen große Lose auch zu längeren Wartezeiten, bis ein anderes Produkt gefertigt werden kann. Dies kann zu Wartezeiten in der Montage führen und erhöht die Reaktionszeiten eines Unternehmens auf Kundenaufträge.

In der Regel setzen Mitarbeitende und Führungskräfte ihr Wissen und ihre Kreativität im Sinne formulierter Ziele ein, insbesondere, wenn finanzielle Anreize mit der Zielerreichung verbunden sind. Wenn sich die Ziele in unterschiedlichen Bereichen der Auftragsabwicklung nicht ergänzen, sondern widersprechen, wird im Unternehmen viel Blindleistung erzeugt und das Unternehmen entwickelt sich in Summe nicht weiter (Bild 2.10 links).

Klassische Linienorganisation
mit funktionsorientierten Zielen

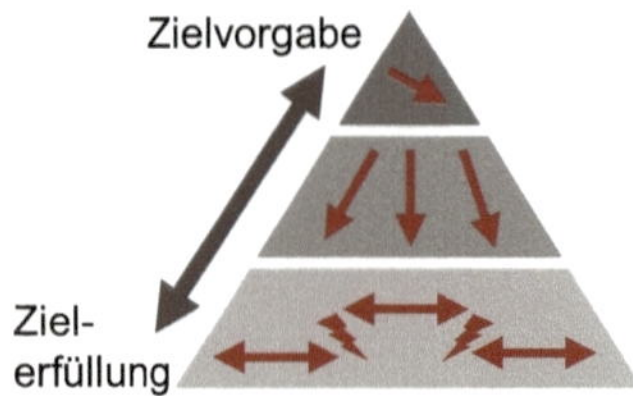

Widersprüchliche, kaum koordinierte Abteilungsziele

- Fokus auf eigenes „Fürstentum“
- Probleme werden in andere Kostenstellen geschoben

➢ Selbstoptimierung

High-Performance-Organisation
mit prozessorientierten Zielen

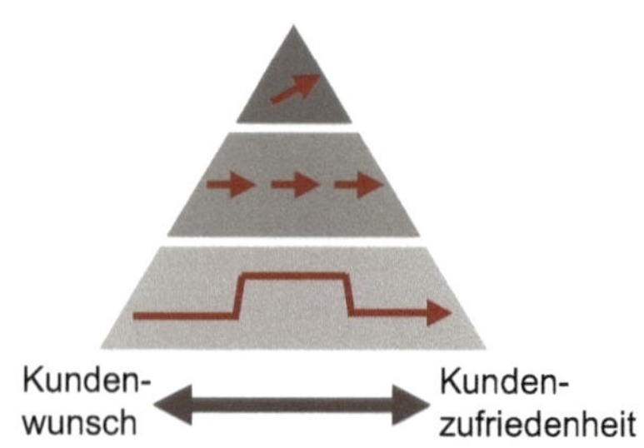

Crossfunktionale und mit den Unternehmenszielen abgestimmte Abteilungsziele

- Fokus auf Prozesse und den Kunden
- Probleme werden übergreifend gelöst

➢ Prozessverbesserung

Bild 2.10 Veränderung der Prozessleistung bei Abstimmung der Abteilungsziele

Werden Führungskräfte an nicht abgestimmten Zielen in ihrem Bereich gemessen, fördert dies die Selbstoptimierung im eigenen „Fürstentum“. Das Verschieben von Problemen in andere Kostenstellen ist dabei eine erfolgreiche Strategie – die jedoch nicht zu einer Verbesserung des Unternehmens beiträgt. Unternehmensweit aufeinander abgestimmte Prozessziele richten dagegen die Problemlösungsfähigkeit der Beschäftigten auf übergreifende, kundenrelevante Prozesse aus (Bild 2.10 rechts).

Die Herausforderung bei der Zielentwicklung ist es, die abstrakten Unternehmensziele auf „SMART“e Ziele für die Teamebene zu konkretisieren. Bild 2.11 zeigt die Bedeutung von „SMART“en Zielen.

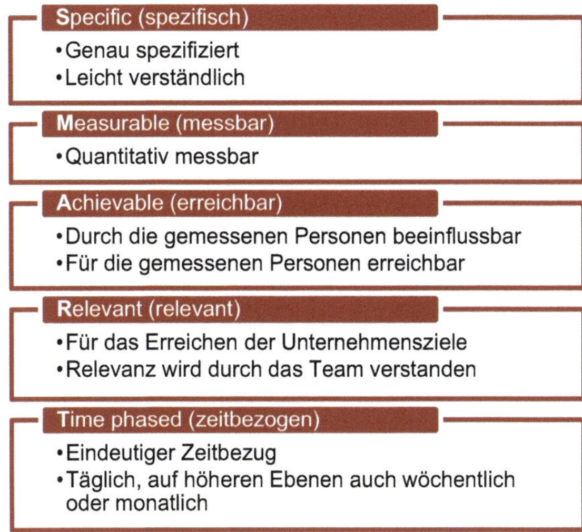

Bild 2.11 Definition von „SMART"en Kennzahlen

Diese Regeln für Kennzahlen erscheinen einfach, werden in der Praxis jedoch immer wieder verletzt. Die folgenden Beispiele verdeutlichen negative Auswirkungen auf das SFM bei Missachtung dieser Regeln.

Spezifisch

Oft sind die genaue Definition, Datengrundlagen und Berechnungsweisen von Kennzahlen nicht klar definiert oder nicht allen Nutzenden bekannt. So leidet die Identifikation mit einer Kennzahl und dem zugehörigen Ziel. Darüber hinaus sind unterschiedliche Bereiche, die die gleiche Kennzahl berichten, nicht miteinander vergleichbar.

Bei einem Automobilzulieferer mit Fokus auf Blechumformung wurden alle Aufträge durch einen Leistungsindex (LI) bewertet. Bei einem LI unter 70 % mussten die beteiligten Maschinenführer in einer sehr großen SFM-Runde Bericht erstatten. Damit war die Untererfüllung direkt mit einer gefühlten Strafe verbunden. Besonders problematisch war jedoch die Kennzahl selbst, die kaum jemand vollständig verstand, da über verschiedene Gewichtungsfaktoren gemessen wurde, ob das Grobrüsten, Feinrüsten, die Prozessgeschwindigkeit, Stillstände und Qualität den auftragsspezifischen Vorgaben entsprachen. Dabei war den Maschinenführenden nicht klar, inwieweit sie diese Zahl durch ihre konkreten Handlungen beeinflussen können. Auch für die Prozessingenieure war die Vielzahl an Faktoren für die Ursachensuche und Maßnahmendefinition ungeeignet. Dies wurde erst nach Jahren als Problem erkannt und das SFM umgebaut. Die Maschinenbediener haben nun eine eigene Besprechung und der LI wird nicht mehr auf dieser Ebene der SFM-Kaskade verwendet.

Messbar

Für eine eindeutige und vor allem objektive Abweichungserkennung ist es notwendig, dass quantifizierbare und leicht visualisierbare Kennzahlen verwendet werden. Qualitative Einschätzungen wie Kundenzufriedenheit (z.B. ausgedrückt in subjektiven Bewertungen oder Kommentaren), Mitarbeitermotivation (z.B. ausgedrückt in qualitativen Rückmeldungen) oder Teamzusammenhalt (z.B. ausgedrückt in einer subjektiven Skala der Zusammenarbeit) eignen sich nicht zur täglichen Abweichungserkennung. Da es sich um subjektive Einschätzungen handelt, mangelt es an Vergleichbarkeit (teamübergreifend und im Zeitverlauf) und es ist schwierig, konkrete Maßnahmen abzuleiten. Solche „weichen" Themen sollten regelmäßig betrachtet und im Team geteilt werden – im täglichen SFM werden jedoch objektive, quantitative und leicht verständliche Kennzahlen benötigt.

Ein japanisches Start-up, das dSFM-Systeme für den Zuliefererkreis von Toyota anbietet, verwendet nur ganz einfache Zahlen: Zykluszeit, Stillstandszeit, Anzahl an Teilen. Diese Werte können die Maschinenbedienenden direkt verstehen und beeinflussen. Sie eignen sich gut, um Verbesserungsmaßnahmen abzuleiten und zu testen. Die Daten werden durch Magnetschalter, Lichtsensoren und Lichtschranken direkt an den Maschinen, z.B. an der Maschinentür oder an der Andon-(Maschinenzustands-)Lampe, abgegriffen.

Erreichbar

Eine mangelnde Erreichbarkeit der Zielgröße führt zu Frust im Team und langfristig dazu, dass nicht mehr versucht wird, das Ziel zu erreichen.

Ein Beispiel für mangelnde Erreichbarkeit ist die Darstellung von Stückkosten auf dem Shopfloor. Dort gehen Materialpreise, Maschinenstundensätze, eventuell sogar Gemeinkostensätze ein – alles Werte, die durch das Team nicht beeinflusst werden können. Das Team kann nur an der eigenen Arbeitszeit pro Stück bzw. Auftrag arbeiten und sollte daher nur daran gemessen werden.

Eine Arbeitsgruppe bei einem Hersteller für Messinstrumente sollte mehr Autonomie für die Feinsteuerung ihrer Aufträge erhalten und damit die Verantwortung zur Einhaltung der Liefertreue übernehmen. Die Gruppe weigerte sich vehement dagegen, da nach Angaben der Gruppe ein wesentliches Halbzeug schon seit Jahren nicht ausreichend verfügbar und die Kennzahl daher nicht erreichbar sei. Die Produktionsleitung reagierte auf diese berechtigte Kritik mit der Feststellung, das Problem sei bereits seit Jahren gelöst. Die Situation konnte entspannt werden, indem die Häufigkeit des Fehlens des betroffenen Halbzeugs als Kennzahl definiert und verfolgt wurde. Aus dem Verlauf dieser Kennzahl konnten anschließend Maßnahmen zur Verbesserung der Liefertreue abgeleitet werden.

Relevant

Während nicht erreichbare Ziele zu Frust führen, führen irrelevante Ziele zu Verschwendung. Beispielsweise wird Zeit verschwendet, eine irrelevante Zahl zu erheben und zu besprechen, oder es wird sogar Problemlösungskapazität für irrelevante Aktivitäten verschwendet. Irrelevante Kennzahlen im Team sind häufig die Folge von vereinheitlichten Berichten an die Geschäftsführung oder von historischen Festlegungen, die längst keine Relevanz mehr für den aktuellen Prozess haben.

Während eines Kennzahlenworkshops bei einem Hersteller für Pneumatikzylinder wurde darüber gesprochen, dass die OEE für Engpassmaschinen oder einer Säge im Zuschnitt anders definiert sein muss, um im Wertstrom Sinn zu ergeben. Während die Engpassmaschine möglichst 24 Stunden laufen sollte, würde man im Zuschnitt mit viel kürzerer Durchlaufzeit bei gleicher Vorgabe erheblich zu viel produzieren. Im Unternehmen war die OEE bereits einheitlich für alle Maschinen für maximale Auslastung mit einer Zielgröße von 80 % definiert. Die Teilnehmenden konnten während des Workshops live einsehen, dass auch die Säge im Wareneingang dieses Ziel erreicht. Gut für die Maschinenauslastung, gut für denjenigen, der an der Zahl gemessen wird - aber Unsinn für den Wertstrom. Es gab gar nicht genug sinnvolle Arbeit für diese Maschine, um eine solche Auslastung zu erreichen. In der Folge wurde die Zielgröße im Verhältnis der Zykluszeiten reduziert. Auch eine andere Berechnungsweise der OEE wäre möglich gewesen.

Zeitbezogen

Ein kurzzyklischer Erhebungszeitraum ist entscheidend für den Erfolg der Problemlösung. Abweichungen von Kennzahlen, die sich auf die aktuelle oder letzte Schicht beziehen, können gut dokumentiert, nachverfolgt und analysiert werden. In wöchentlichen oder monatlichen Werten werden zu viele Einzelvorgänge und Fremdeinflüsse zusammengefasst, um Probleme effizient zu identifizieren. Abweichungen werden im Extremfall erst Wochen nach ihrem Auftreten erkannt. Eine Ursachenanalyse ist dann nicht mehr möglich. Auswertungen, welche sich auf Wochen oder Monate beziehen, können dennoch dazu dienen, wiederkehrende Abweichungen und die zugehörigen Gegenmaßnahmen zu priorisieren.

Monatliche Ausschusskostenauswertungen sind fürs Controlling und die Qualitätsabteilung interessant. Ein Shopfloor-Team kann mit dieser Zahl im Alltag jedoch nicht arbeiten.

Zusammenfassend lässt sich festhalten, dass Kennzahlen für ein effektives Shopfloor Management

- mit den übergeordneten Unternehmenszielen verbunden sein müssen,
- die Aspekte messen sollten, die für die Zielerreichung ausschlaggebend sind oder diese verhindern,
- einfach zu verstehen und leicht zu messen sein sollten,
- mindestens täglich aktualisiert werden sollten.

Für jede Kennzahl muss darüber hinaus ein Ziel definiert werden, um festzustellen, ob sich ein Prozess in einem normalen oder abnormalen Zustand befindet.

Die Zielvorgaben sollten

- die erwartete Prozessleistung unter normalen Bedingungen widerspiegeln,
- sorgfältig festgelegt werden, um genügend Probleme aufzudecken, die zu Verbesserungen führen,
- nicht zu anspruchsvoll sein, sodass jeder Tag zu einem „roten" Tag wird.

Ist die Festlegung der Ziele für eine Produktionslinie oder ein Team durchgängig im Rahmen eines Zielentfaltungsprozesses geschehen, dann führt eine Zielerreichung eines wertschöpfenden Prozesses direkt dazu, dass die Unternehmensziele erreicht werden. Dadurch werden Teams und Mitarbeitende dazu befähigt, durch ihre Tätigkeit messbar zur Zielerreichung des gesamten Unternehmens beizutragen.

Die Herausforderung bei der Festlegung von Zielen besteht darin, im Laufe der Zeit konstante, systematische und nachhaltige Verbesserungen zu erzielen – kontinuierliche Verbesserung ist ein Marathon, kein Sprint!

Funktionierende Zielsysteme sind dabei immer ähnlich aufgebaut.

2.2.6 Beispiele für Kennzahlen auf verschiedenen Hierarchieebenen

Die Herausforderung der Zielentwicklung liegt darin, die strategischen Ziele auf Unternehmens- bzw. Geschäftsbereichsebene in Kennzahlen und Zielgrößen zu übersetzen, die vom Geschäftsbereich über das Werk und die Abteilung bis hinunter auf die Produktionslinie und das Team ein abgestimmtes und zielorientiertes Handeln ermöglichen.

Strategische Zielkategorien können sein:

- Umsatz und Gewinn
- Produktivitätssteigerung (Kosten)

- Reduktion der Durchlaufzeit (Zeit)
- Qualitätsführerschaft (Qualität)
- Kunden begeistern (Innovation)

Zunächst gilt es, für die Zielkategorien konkrete Werte festzulegen (Bild 2.12).

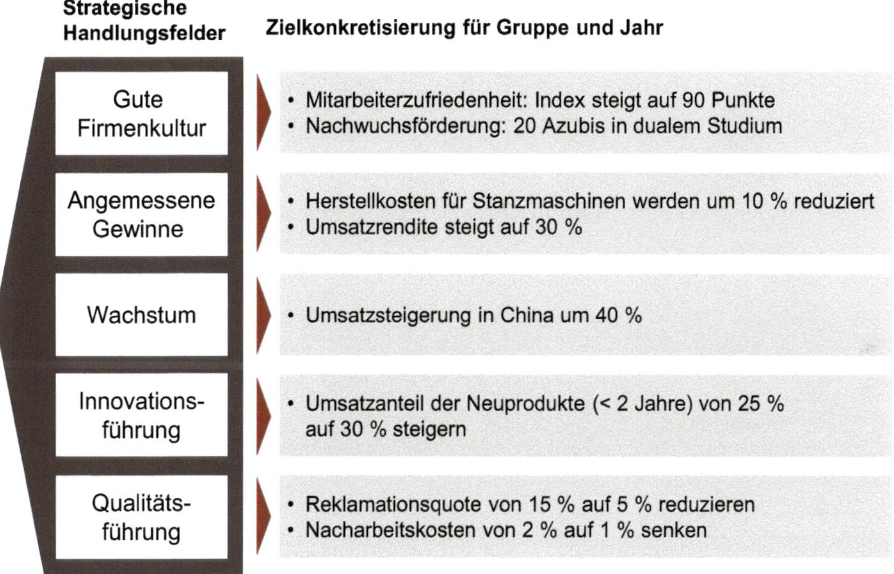

Bild 2.12 Konkretisierung von Jahreszielen für eine Unternehmensgruppe durch die Geschäftsführung (Beispiel TRUMPF)

Dabei darf es sich im Weiteren nicht um ein pauschales „Zieldiktat" top-down handeln. Vielmehr geht es darum, zu erkennen, welche Ziele sinnvoll und erreichbar sind. Richtig formuliert stößt ein Ziel zunächst die gewünschte Prozessverbesserung an, bevor der angestrebte Zielwert durch diese Verbesserung erreicht wird. Es geht also nicht nur darum, dass ein Ziel erreicht werden soll, sondern vor allem darum, durch welche wünschenswerten Verbesserungen es erreicht werden kann. Diese Abstimmung aus angestrebten Resultaten und zugrunde liegenden Prozessverbesserungen ist Teil des Zieldialogs zwischen den Hierarchieebenen.

Die Erreichbarkeit einer Vorgabe muss also nun beim Herunterbrechen auf Arbeitsbereiche und Teams berücksichtigt werden. In der Regel werden dabei auch immer einfachere Kennzahlen verwendet.

Liegen bis zur Abteilungs- und Gruppenleitungsebene Kennzahlen noch als Verhältniszahlen vor (z.B. OEE, Produktivität, Fehlerquote), so werden auf Linienebene Messgrößen benötigt, die auf Tagesbasis oder sogar zeitaktuell bestimmt werden können, wie Stückzahlen, Rüstzeiten oder Anzahl Ausschussteile. Diese

Messgrößen sind aufgrund der sofortigen Nachvollziehbarkeit und leichten Verständlichkeit in der Regel absolute Zahlen. Sie sind so zu wählen und mit Zielen zu versehen, dass die Zielerfüllung einer Schicht dafür sorgt, dass die Tagesmenge der Linie erfüllt wird und eine Abteilung schließlich das gesetzte Produktivitätsziel erfüllt. Das Beispiel in Bild 2.13 zeigt, wie aus der monatlichen Umsatzkennzahl für ein Unternehmen schließlich die Schichtleistung einer Linie zu bestimmen ist und daraus gegebenenfalls der Kundentakt für diese Linie.

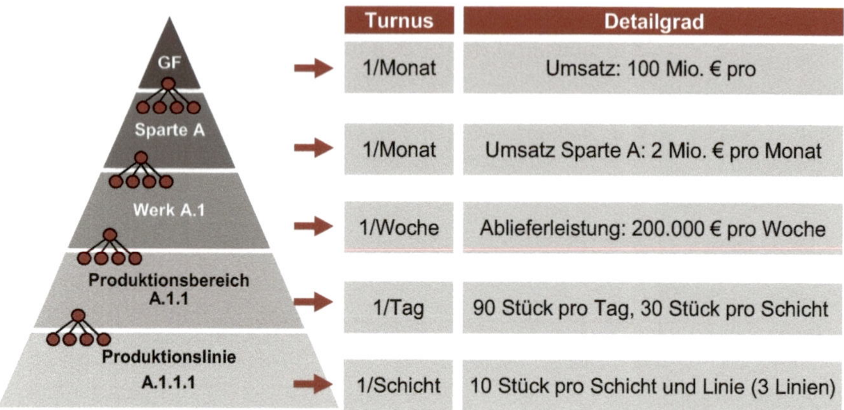

Bild 2.13 Übersetzen des Umsatzziels eines Unternehmens in Stückzahlen pro Schicht und Kundentakt pro Linie

Eine geeignete Zielentfaltung sorgt dafür, dass die Mitarbeitenden einer Schicht direkt messbar an der Erfüllung der Unternehmensziele mitarbeiten können. Anders ausgedrückt: Erfüllen die Linien in jeder Schicht das vorgegebene Ziel für eine (geeignet gewählte) Kennzahl, dann wird das Werk und schließlich das gesamte Unternehmen sein Ziel im zugehörigen Handlungsfeld erreichen.

Fehlt die Übersetzung in realistische, bereichsspezifische Ziele, nehmen die Beschäftigten, aber auch die mittlere Führungsebene die pauschalen Zielvorgaben nicht an und arbeiten entsprechend auch nicht mit Priorität daran.

Bei einem SFM-Readiness-Check eines Schweizer Standorts wurde auch die Herkunft der bisher verwendeten Zielwerte diskutiert. Es stellte sich heraus, dass reine Erfahrungswerte verwendet wurden – ohne Ausrichtung auf ein strategisches Ziel. Die Geschäftsführung hat zwar Produktivitätssteigerungen von 5 % für alle Unternehmensbereiche ausgerufen, die Montageleitung vor Ort hat klar kommuniziert, dass sie diesen Wert für den eigenen Bereich für nicht erreichbar hält, und die Vorgabe offen abgelehnt.

Hier ist der Zielentfaltungsprozess fehlgeschlagen – die verschiedenen Hierarchieebenen sollten auf Basis der Unternehmensziele und der Prozesse vor Ort realistische Zielwerte finden.

In diesem Beispiel wurden Stück pro Schicht und Tag verwendet. Dies und auch das Konzept der „Standardarbeit" klingen dabei zunächst nach Großserie - aber auch im variantenreichen Umfeld ist ein KVP auf Basis von Prozessvorgaben möglich.

2.2.7 Prozessvorgaben im variantenreichen Umfeld

In der Kleinserie und der Individualproduktion ist es notwendig, den früheren Einsteuerungspunkt von Aufträgen und dadurch häufig wechselnde Produkte sowie Spezifikationen (Bild 2.14) in der Auswahl und Definition der Vorgaben zu berücksichtigen.

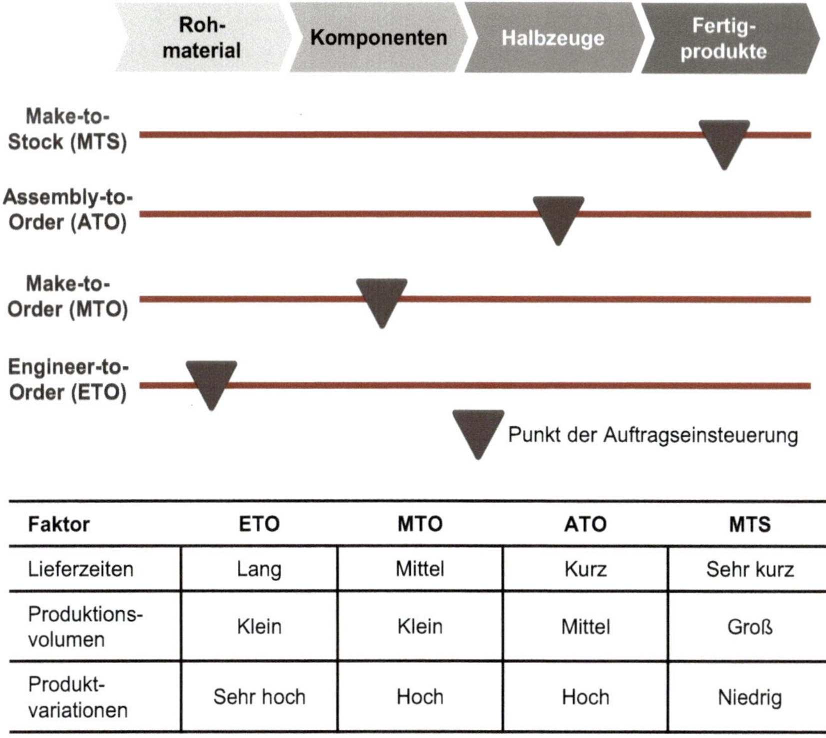

Faktor	ETO	MTO	ATO	MTS
Lieferzeiten	Lang	Mittel	Kurz	Sehr kurz
Produktions-volumen	Klein	Klein	Mittel	Groß
Produkt-variationen	Sehr hoch	Hoch	Hoch	Niedrig

Bild 2.14 Übersicht unterschiedlicher Einsteuerungspunkte für Kundenaufträge

Der Aufwand, einzelne Arbeitsschritte zu beschreiben und mit Zeiten zu hinterlegen, ist mit größerem Variantenreichtum wirtschaftlich nicht mehr vertretbar, da die Wiederholhäufigkeit fehlt. Dennoch gibt es auch jenseits der Großserienproduktion (bzw. Make-to-Stock) Ansätze, Standardarbeit mit vertretbarem Aufwand sinnvoll einzusetzen.

Assembly-to-Order

Die Assembly-to-Order-Strategie zeichnet sich dadurch aus, dass Kunden aus standardisierten Komponenten eigene Produkte konfigurieren können. In diesem Umfeld kann Standardarbeit umgesetzt werden, indem die Arbeitsanweisungen entsprechend der Produktstruktur modularisiert werden. Jedem Modul können vorab Abläufe, Betriebsmittel, technische Parameter und Zeiten zugeordnet werden. Digitale Werkerassistenzsysteme können dann eingesetzt werden, um an jedem Arbeitsplatz passend konfigurierte Anweisungen bereitzustellen und Einstellungen des Arbeitssystems vorzunehmen (z. B. für Zeiten, Schraubsequenzen, Momente, Dosierungen oder die Materialentnahme).

Make-to-Order/Engineer-to-Order

Im Make-to-Order-Geschäft erfolgt die Individualisierung eines bestehenden Produktsystems in der Regel durch Anpassungsentwicklung. Dies hat die individuelle Fertigung von Komponenten für den jeweiligen Auftrag zur Folge. Es entstehen neue Zeichnungen und Sachnummern. Hierfür müssen gegebenenfalls Werkzeuge und neues Material beschafft sowie Programme und Arbeitsanweisungen erstellt werden. Gleiches gilt für Engineer-to-Order, also die Entwicklung neuer Komponenten und Maschinen nach Kundenwunsch. Engineer-to-Order führt darüber hinaus im Extremfall zu immer wieder einzigartigen Fertigungs- und Montageprozessen. Wiederholend sind aber auch hier die Übergabeprozesse vom Engineering bis auf den Shopfloor. Darüber hinaus lassen sich möglicherweise Klassen ähnlicher Produkte und Komponenten bilden (je nach Komplexität, Volumen, Arbeitsinhalt usw.), denen Standardzeiten - abgeleitet aus Erfahrungswerten - zugewiesen werden können. Diese Zeiten lassen sich dann den Fertigungs- und Montageschritten einzelner Aufträge zuordnen, sodass entsprechend dem Arbeitsfortschritt Soll-Kapazitätsprofile erstellt werden können. Diese können mit dem Ist-Fortschritt und den rückgemeldeten Zeiten verglichen werden. So ist auch im Engineer-to-Order-Umfeld ein Abweichungsmanagement auf Tagesbasis möglich.

Die verschiedenen Strategien - und daher auch die verschiedenen Standardisierungsansätze - können auch im selben Unternehmen an verschiedenen Stellen vorkommen.

2.2.8 Reifegrade im Umgang mit Prozessvorgaben

Wir haben nun geklärt, was Prozessvorgaben sind und wie Standards und Kennzahlen erfolgreich definiert werden - jetzt geht es darum, sie im Alltag richtig einzusetzen. Sie dürfen einerseits nicht „in der Schublade“ verschwinden. Andererseits sollten sie auch nicht zur Kontrolle der Mitarbeitenden missbraucht werden. In beiden Fällen entwickelt sich kein von den Mitarbeitenden getragener KVP.

Um den KVP durch Prozessvorgaben geeignet zu unterstützen, ist auf einen angemessenen Umgang mit ihnen zu achten (Bild 2.15).

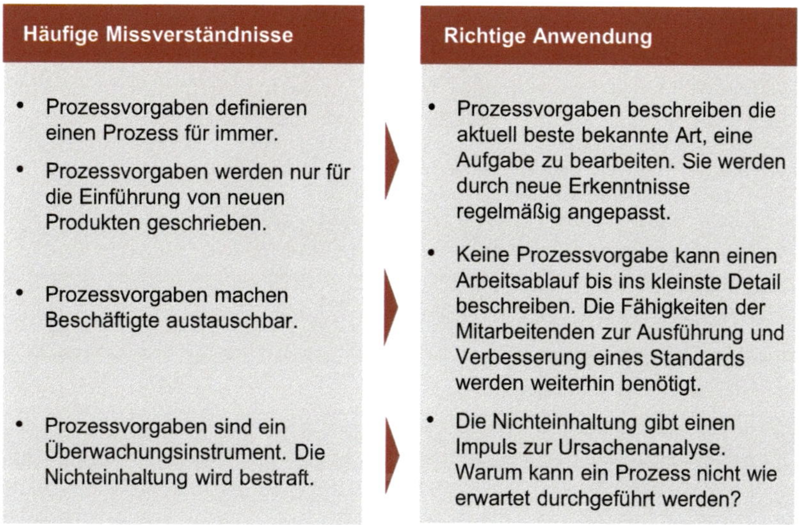

Häufige Missverständnisse		Richtige Anwendung
• Prozessvorgaben definieren einen Prozess für immer. • Prozessvorgaben werden nur für die Einführung von neuen Produkten geschrieben.	▶	• Prozessvorgaben beschreiben die aktuell beste bekannte Art, eine Aufgabe zu bearbeiten. Sie werden durch neue Erkenntnisse regelmäßig angepasst.
• Prozessvorgaben machen Beschäftigte austauschbar.	▶	• Keine Prozessvorgabe kann einen Arbeitsablauf bis ins kleinste Detail beschreiben. Die Fähigkeiten der Mitarbeitenden zur Ausführung und Verbesserung eines Standards werden weiterhin benötigt.
• Prozessvorgaben sind ein Überwachungsinstrument. Die Nichteinhaltung wird bestraft.	▶	• Die Nichteinhaltung gibt einen Impuls zur Ursachenanalyse. Warum kann ein Prozess nicht wie erwartet durchgeführt werden?

Bild 2.15 Missverständnisse und die richtige Anwendung von Prozessvorgaben

Zunächst gelten Prozessvorgaben nicht für immer. Sie halten nur den aktuell besten bekannten Prozess fest und müssen sich dem Umfeld und neuen Erkenntnissen kontinuierlich anpassen. Prozessvorgaben sind für das Anlernen von neuen Mitarbeitenden hilfreich. Dennoch machen sie die Mitarbeitenden nicht austauschbar. In vielen Fällen spielen die Fähigkeiten und die Fertigkeiten der Mitarbeitenden eine große Rolle, wenn Prozessvorgaben sicher eingehalten werden sollen. Dies gilt insbesondere im Kleinserienbereich, da hier nicht jedes Detail ausreichend beschrieben werden kann. Darüber hinaus sind die Erfahrungen und das Prozesswissen der Mitarbeitenden explizit gefragt, um Prozesse weiterzuentwickeln und die Standards anzupassen. Dabei ist strikt darauf zu achten, die operative Standardarbeit von der Verbesserungsarbeit im Rahmen des SFM zu trennen. Sonst kommt es zu Improvisation und nicht abgesicherten Tätigkeiten, die eine Gefahr für die Produktqualität darstellen.

Prozessvorgaben und das SFM dürfen nicht als Überwachungsinstrument zur Identifikation und Bestrafung von Schuldigen verwendet werden. Werden Abweichungen von Zielgrößen oder Standardvorgaben identifiziert, steht die Ursachenanalyse im Vordergrund. Das Credo der Verbesserung lautet: „Der richtige Prozess liefert das richtige Ergebnis.“ Umgekehrt gehen wir zunächst davon aus, dass ein Prozess verbesserungswürdig ist, wenn sein Ergebnis nicht stimmt. Daher fragen wir bei einer Abweichung zuerst „Warum?“ und nicht „Wer?“.

Um eine Selbsteinschätzung im Umgang mit Prozessvorgaben und dem darauf aufbauenden KVP zu erleichtern, können die fünf Reifegrade im Umgang mit Prozessvorgaben helfen (Bild 2.16).

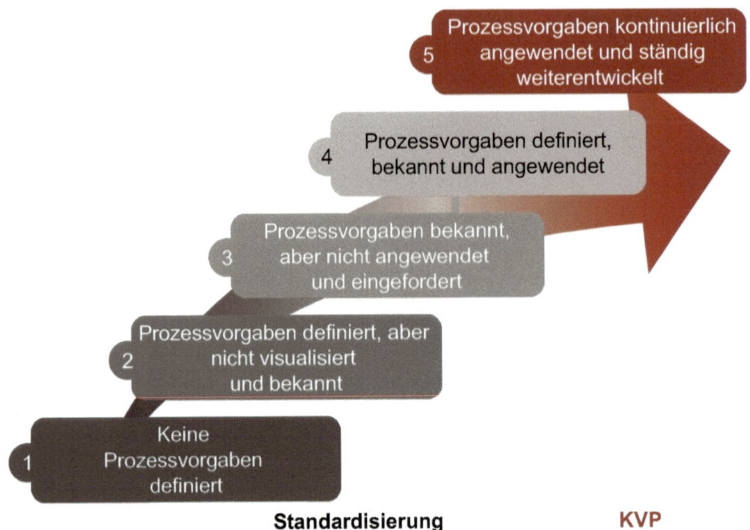

Bild 2.16 Reifegrade im Umgang mit Prozessvorgaben

Prozessvorgaben entstehen aus der proaktiven Definition bzw. Verbesserung eines Prozesses. Sind sie nicht vorhanden, fehlt die für den KVP notwendige Basis für einen Soll-Ist-Vergleich (1). Sind Prozessvorgaben zwar vorhanden, aber nicht verfügbar oder den Mitarbeitenden nicht bekannt, so können sie einen systematischen KVP nicht unterstützen (2). Schulungen und Visualisierung sind die Voraussetzung für ihre tägliche Anwendung. Aber auch bekannte Standards und Zielvorgaben werden nicht umgesetzt, wenn sie nicht täglich nachgefragt und eingefordert werden (3). Gerade bei neuen Abläufen braucht es manchmal Monate der Präsenz vor Ort von Teamleitung und Führungskräften, bis sie eingeübt sind und in der täglichen Routine gelebt werden (4). Die höchste Stufe im Sinne eines gelebten KVP ist erreicht, wenn Prozessvorgaben nicht nur selbstverständlich eingehalten werden, sondern auch im Rahmen eines Abweichungsmanagements überprüft (reaktive Verbesserung) und durch das Wissen angereichert und kontinuierlich weiterentwickelt werden (proaktive Verbesserung) (5).

Das Zusammenspiel der Prozesse wird im Folgenden erläutert.

■ 2.3 Proaktive und reaktive Verbesserung

Wir unterscheiden im Wesentlichen zwischen proaktiver und reaktiver Verbesserung. Dort, wo künstliche Intelligenz zum Einsatz kommt, wird künftig auch die prädiktive Verbesserung eine Rolle spielen. Wie die Arten der Verbesserung zusammenspielen und welche Rolle Standards dabei spielen, wird in diesem Kapitel beleuchtet.

Üblicherweise startet ein Verbesserungsprozess mit der initialen Standardisierung (Bild 2.17).

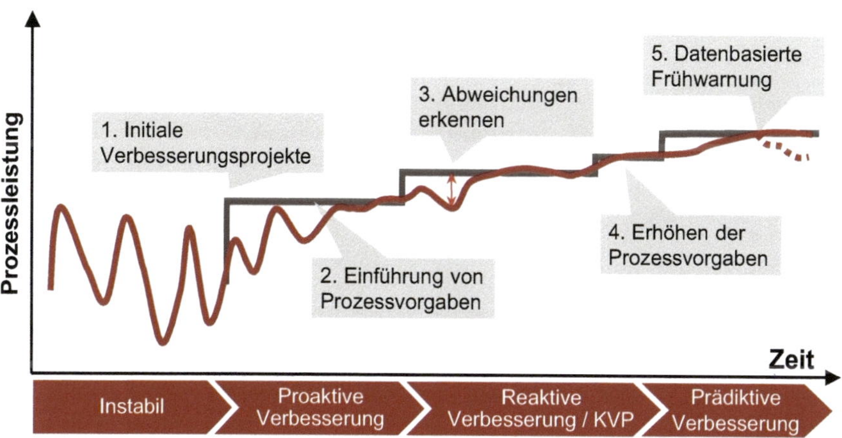

Bild 2.17 Zusammenhang zwischen Prozessvorgaben und Prozessleistung in den Phasen eines Verbesserungsprozesses

Die instabile Phase eines Prozesses wird überwunden durch die Elimination der wichtigsten Verschwendungen und der Quellen von Variabilität (1). Es kann damit begonnen werden, Standards und Zielvorgaben zu definieren. Damit ist die erste Phase der proaktiven Verbesserung beendet (2). Der Prozess tritt in die Phase der reaktiven Verbesserung ein: Soll- und Ist-Leistung werden für ausgewählte Kennzahlen und -werte fortlaufend verglichen. Identifizierte Abweichungen lösen reaktive Verbesserungsaktivitäten aus (3). Wenn die Vorgaben prozesssicher erreicht werden können oder sich strategische neue Anforderungen ergeben, werden die Prozessvorgaben kontinuierlich erhöht, um die gewünschten Verbesserungen zu erreichen: proaktive Verbesserung durch KVP (4).

Mit einer steigenden Datenverfügbarkeit und durch Einsatz geeigneter Analysemethoden wird es zunehmend möglich, Ursachen und Probleme zu erkennen, bevor sie einen negativen Einfluss auf das Prozessergebnis haben und damit zu einer

Abweichung werden. An dieser Stelle tritt der Verbesserungsprozess sogar in eine prädiktive Phase ein: Das frühzeitige Erkennen einer Abweichungsursache kann gegebenenfalls eine Gegenmaßnahme ermöglichen, bevor es tatsächlich zum Leistungsabfall kommt (5). Kapitel 7 zeigt hierzu Beispiele auf.

Für den KVP im Rahmen des SFM ist zunächst das Zusammenspiel aus proaktiver und reaktiver Verbesserung interessant. Sie unterscheiden sich im Ziel und in den zur Anwendung kommenden Methoden (Bild 2.18).

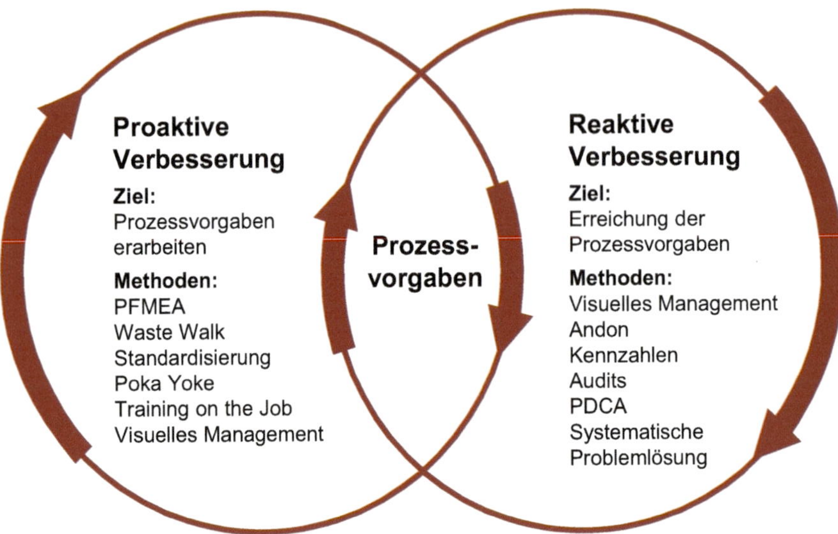

Bild 2.18 Zusammenspiel der proaktiven und reaktiven Verbesserung

Im Rahmen der proaktiven Verbesserung werden die nicht wertschöpfenden Verschwendungen eliminiert, damit sie nicht in Prozessvorgaben verstetigt werden (z. B. durch einige der Lean-Grundlagenmethoden „Spaghetti“-Diagramme, „Stand in the Circle“ oder Arbeitsablaufanalysen). Auch die Betrachtung von möglichen Fehlerquellen und deren Vermeidung durch eine Prozess-FMEA (Fehlermöglichkeits- und -einflussanalyse) kann die Definition der Prozessvorgaben verbessern. Anschließend müssen die Vorgaben festgehalten (Standardisierung) und im Alltag implementiert werden. Unerlässlich sind die Unterweisung der Mitarbeitenden zu den neuen Vorgaben und eine Vor-Ort-Unterstützung während der Einführungsphase. Die Absicherung durch visuelles Management und fehlersichere Konstruktion (Poka Yoke) führt bereits in die reaktive Verbesserung. Zusammen mit Kennzahlen, Zielen und Audits helfen sie, Abweichungen von den Vorgaben zu erkennen und mithilfe des PDCA-Zyklus abzustellen.

2.4 Das Schwungrad der Verbesserung: PDCA

Ob proaktiv oder reaktiv - Verbesserungen sind nur dann erfolgreich, wenn sie nachhaltig verankert werden. Das Basisvorgehen dafür besteht aus Planen (Plan), Umsetzen (Do), Überprüfen (Check) und Verankern (Act): PDCA.

Durch den PDCA-Zyklus wird sichergestellt, dass nicht nur Maßnahmen umgesetzt werden (Do), sondern zunächst Ursachen identifiziert werden (Plan) und anschließend deren Wirksamkeit überprüft wird (Check) sowie die neuen Erkenntnisse im Alltag verstetigt werden (Act) (Bild 2.19).

Bild 2.19 Der PDCA-Kreislauf [8]

Die einzelnen Schritte können dabei unterschiedlich aufwendig bearbeitet werden. Tabelle 2.2 fasst die Schritte innerhalb des PDCA-Zyklus zusammen.

Tabelle 2.2 Aktivitäten und Methoden der systematischen Problemlösung (aufbauend auf [11])

Phase	Aktivitäten	Methoden
PLAN	Bilden eines Problemlösungsteams	Zusammenstellung des Problemlösungsteams auf Basis der Kompetenzen der Beteiligten. Team interdisziplinär und eventuell bereichsübergreifend [10]. In einigen Unternehmen gibt es feste Teams mit eigenen Regelterminen.
	Ursachenanalyse	Mögliche Initialursachen sammeln. Auf Grundursache schließen.
	Planung von Maßnahmen	Geeigneten, nachhaltigen Lösungsansatz finden. Auswahl des besten Ansatzes [11].
DO	Umsetzen von Sofortmaßnahmen	Mit Sofortmaßnahmen eine Durchdringung des Fehlers zum Kunden verhindern.
	Umsetzung der Lösungsmaßnahme	Lösung abstimmen und in einen Maßnahmenplan überführen [11].
CHECK	Überprüfung der Wirksamkeit	Mit festgelegten Kriterien den Erfolg messen [12]. Dabei kann es sein, dass sich die abgestellte Ursache nicht als die richtige erweist. Gegebenenfalls Schritte ab Ursachenanalyse mit neuem Wissen wiederholen.
ACT	Standardisierung	Die erfolgreiche Lösung in Standards überführen, um diese Abweichung zukünftig zu verhindern [2].
	Verteilung des erlernten Wissens	Bereiche mit ähnlichen Prozessen informieren. Das erarbeitete Wissen durch Wikis oder Schulungen verstetigen.

Durch dieses Vorgehen werden Probleme an der Ursache bearbeitet und nachhaltig abgestellt. Es erfordert jedoch einigen Aufwand und eigene Problemlösungskompetenzen. Die Kompetenzen für und die Bedeutung der Problemlösung zu vermitteln und vorzuleben ist daher Aufgabe der Führungskräfte.

■ 2.5 Führungskultur im Kontinuierlichen Verbesserungsprozess

Über die richtige Führungskultur im Zusammenhang mit Lean-Transformationen ist viel geschrieben worden, sodass hier nur die Aspekte aufgeführt werden, die für die Führung im SFM und zur Förderung des KVP wichtig sind.

Führungskräfte sollten dazu bereit sein, ihr aktuelles Verhalten fortlaufen zu hinterfragen, um folgende, eingefahrene Denkmuster zu erkennen und zu korrigieren [13]:

- **Vom Optimieren von Zahlen zum Verbessern von Prozessen**

  Das Erreichen messbarer Ziele steht für Führungskräfte auch im SFM im Fokus. Aber sie verstehen, dass finanzielle Ergebnisse das Ergebnis von Prozessen sind. Der Fokus muss also zunächst auf die Prozessgestaltung und -verbesserung gelegt werden. Die Grundüberzeugung lautet: Bessere Prozesse führen zu besseren Ergebnissen.

- **Von den fünf „Wer“ zu den fünf „Warum“**

  Gute SFM-Führungskräfte ziehen keine voreiligen Schlüsse oder springen direkt zu Lösungen. Sie versuchen zunächst, die Situation vor Ort zu verstehen, und fragen dann: „Warum?“. Das Finden und „Bestrafen“ von „Schuldigen“ ist nicht Teil einer systematischen Problemlösung und wirkt negativ auf die Motivation der Teilnehmenden.

- **Von der Problemverschleierung zur Problemlösung**

  Im SFM wird davon ausgegangen, dass nicht alles nach Plan läuft. Daher lautet die Denkweise: „Kein Problem ist ein Problem.“ Das bedeutet, wenn aus einem Bereich keine Probleme gemeldet werden, findet dort keine weitere Verbesserung statt oder es werden sogar Probleme verschleiert. Die Führung muss also einfordern, dass Probleme gemeldet werden, anstatt nur gute Nachrichten zu erwarten.

- **Von der Vorgabe, „wie“ etwas zu tun ist, zur Vorgabe, „was“ zu erreichen ist**

  Das Zuordnen von Herausforderungen zu einzelnen Mitarbeitenden im Rahmen des SFM wird von Führungskräften als Weg gesehen, Menschen dazu zu bringen, Verantwortung zu übernehmen, Probleme zu lösen und durch Lernzyklen ihre Kompetenzen zu erweitern.

- **Von der Autorität, Entscheidungen zu treffen, zur Autorität, Entscheidungen treffen zu lassen**

  Führungskräfte geben im SFM in der Regel Lösungswege nicht detailgenau vor, sondern formulieren Prozessvorgaben und Zielzustände. Anschließend übertragen sie Mitarbeitenden die Verantwortung, Lösungen für Probleme vorzuschlagen und ihre Umsetzung selbst voranzutreiben. Dies ist Teil der Entwicklungsphilosophie.

- **Vom Antwortengeben zum Fragenstellen**

  Hat eine Führungskraft die Tendenz des Besserwissens und gibt sie auf jede Frage zu einer Problemstellung schon die Antwort, so hält dies die Mitarbeitenden davon ab, mitzudenken und Verantwortung zu übernehmen. Es ist für die Führungskraft im SFM wichtiger, die richtige Frage zu stellen als die richtige Antwort zu geben. Es gilt: Wer fragt, der führt!

- **Von der Selbstgeltung zur Geltung anderer**

  Das zusätzliche Engagement der Mitarbeitenden im SFM erfordert Kreativität und Motivation. Auch wenn nicht alle Aktivitäten erfolgreich sind, werden die Erfolge nicht auf sich warten lassen. Diese Erfolge gehören nicht der Führungskraft. Es motiviert zusätzlich, Einzelpersonen oder Teams für echte Erfolge hervorzuheben, z. B. indem sie ihre KVP-Aktivitäten vor dem Management selbst präsentieren.

Dieses Führungsverständnis zur Förderung des KVP durch die Beschäftigten wird im Shopfloor Management operativ umgesetzt.

3 Shopfloor Management

Dieses Kapitel erläutert die Konzepte, die im SFM zum Einsatz kommen, anhand des SFM-Regelkreises und zeigt daran auf, wie die beschriebenen Handlungs- und Denkweisen im SFM ineinandergreifen. Die Merkmale eines erfolgreichen SFM werden anschließend in einem Beispiel praxisnah dargestellt. Eine Checkliste zur Selbstauditierung steht unter *plus.hanser-fachbuch.de* für Sie bereit.

3.1 Der Shopfloor Management-Regelkreis

Die proaktiven und reaktiven Verbesserungsprozesse müssen täglich unterstützt, vorgelebt und umgesetzt werden. Der Shopfloor Management-Regelkreis operationalisiert diese Ansätze für den Alltag.

Shopfloor Management steht für Führung am Ort des Geschehens [14]. Wie der Name schon sagt, geht es dabei um den Shopfloor – und nicht um das Topmanagement. Ziel des SFM ist nicht die Erstellung von Reports, sondern die reaktive Erreichung der operativen Ziele und die proaktive Verbesserung der organisatorischen und technischen Prozesse. Dazu ist gleichzeitig die Entwicklung der Problemlösungsfähigkeit der Beschäftigten und der Organisation notwendig [15].

Der SFM-Regelkreis (Bild 3.1) beschreibt den Ablauf und das Zusammenspiel der Instrumente und Konzepte im Rahmen des SFM:

Bild 3.1 SFM-Regelkreis (auf Basis von [15])

Die erarbeiteten Prozessvorgaben (vgl. Abschnitt 2.2) werden täglich mit der tatsächlichen Prozessleistung verglichen, um Abweichungen zu erkennen. Deren Ursachen werden anschließend analysiert. Wenn dies nicht in einem kurzen Austausch möglich ist und die Abweichung wichtig genug ist, wird ein systematischer Problemlösungsprozess (PLP) zur Ursachenfindung gestartet. Zur Behebung der Ursachen werden anschließend Maßnahmen nach der Plan-Do-Check-Act-Logik ergriffen. Die neuen Erkenntnisse fließen anschließend wieder in die Prozessvorgaben ein. Gelebt wird der SFM-Regelkreis in kurzen, täglichen Besprechungen über alle Führungsebenen hinweg (Bild 3.2).

Die Besprechungskaskade beginnt auf Teamebene. Die Ist-Performance wird mit dem Soll verglichen und Abweichungen werden aufgenommen. Wenn diese nicht im eigenen Team bearbeitet werden können, werden sie an die nächste Ebene eskaliert. Nach oben werden Performancedaten, Probleme und Maßnahmen kommuniziert und durch die jeweilige Führung Entscheidungen, Informationen, aber auch die Prozessziele zurückgegeben [14].

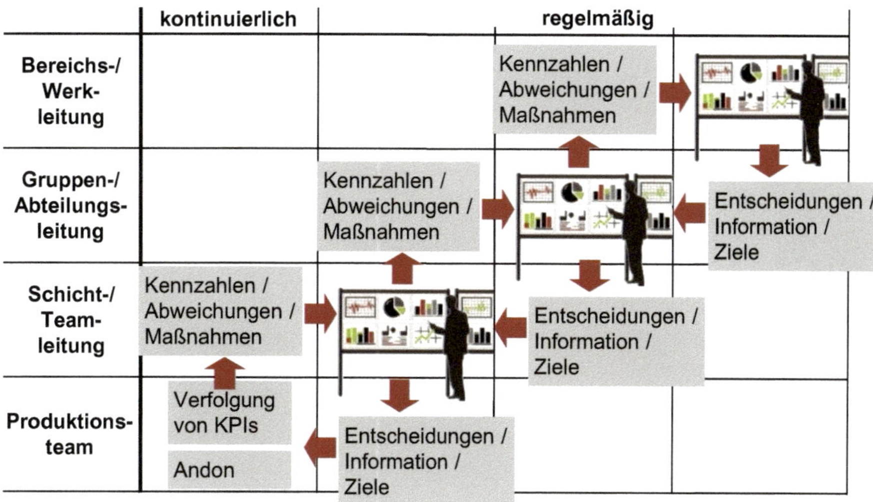

Bild 3.2 Besprechungskaskade im SFM

Damit der SFM-Regelkreis effektiv in der Besprechungskaskade funktioniert,

- müssen die Beschäftigten die Prozessvorgaben verstehen und die Ist-Leistung jederzeit verfolgen können,
- muss die Ist-Prozessleistung transparent sein,
- muss ein effektives Abweichungsmanagement im Sinne des PDCA-Zyklus in der Organisation verankert sein,
- muss die Problemlösungsfähigkeit der Führungskräfte und Beschäftigten entwickelt werden,
- müssen die Führungskräfte die Ansätze einer systematischen Problemlösung diszipliniert vorleben,
- müssen klare Übergabepunkte zwischen den Stufen der Kaskade definiert sein und Zeiten sowie Teilnahme diszipliniert eingehalten werden.

Wie Prozessvorgaben erstellt werden, wurde bereits in Abschnitt 2.2 erläutert. Die darauf aufbauenden Schritte im SFM-Regelkreis werden im Folgenden operativ erklärt.

3.2 Prozess-Ist transparent machen

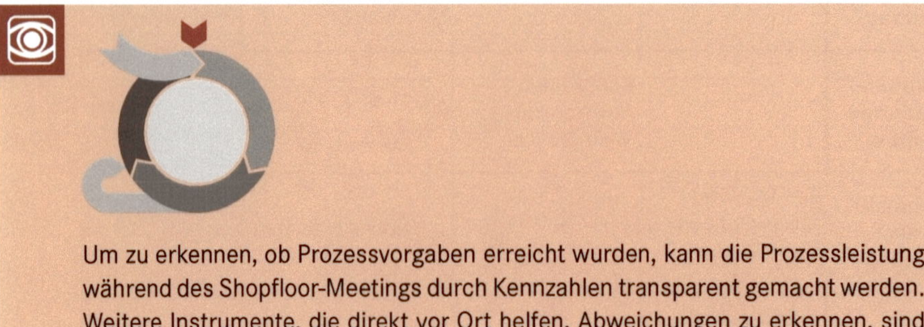

Um zu erkennen, ob Prozessvorgaben erreicht wurden, kann die Prozessleistung während des Shopfloor-Meetings durch Kennzahlen transparent gemacht werden. Weitere Instrumente, die direkt vor Ort helfen, Abweichungen zu erkennen, sind Andon und Gemba Walks bzw. Audits.

3.2.1 Andon

Andon beschreibt den kürzesten Reaktionszyklus zur Sicherstellung der Erreichung der Schichtziele. Mitarbeitende oder Maschinen und Anlagen machen bei Abweichungen sofort auf sich aufmerksam und bitten um Unterstützung (Bild 3.3).

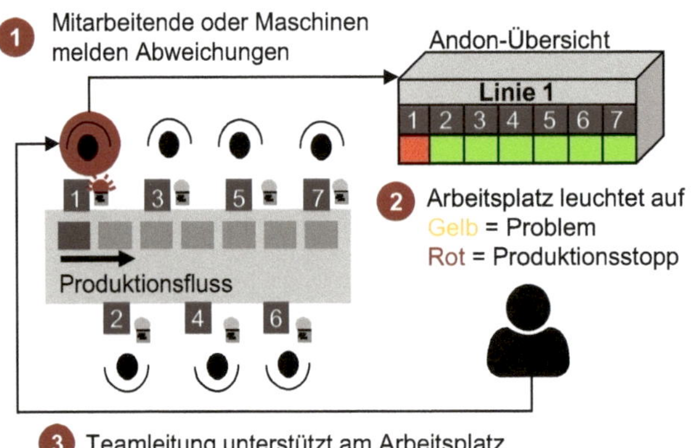

Bild 3.3 Der Andon-Prozess

Ein typischer Andon-Prozess läuft wie folgt ab: An einem Arbeitsplatz tritt eine Störung auf. Der Mitarbeitende bittet per Signal um Unterstützung (Signal „gelb“). Die Störung kann in der Regel durch die Team- bzw. Schichtleitung gelöst werden. Ist das nicht im Rahmen der verbleibenden Zeit eines Takts möglich, so wird die gesamte Linie gestoppt (Signal „rot“). Der Produktionsprozess wird in der Regel nicht fortgesetzt, bis das Problem behoben wurde. Dadurch wird

- die Zeit von der Fehlererkennung bis zur Reaktion drastisch verkürzt,
- ein Problem unmittelbar nach seiner Entdeckung analysiert, solange es noch „frisch“ ist,
- das Risiko der Weitergabe von Fehlern in den Produktionsprozess reduziert,
- werden alle Beteiligten für eine Fehlerquelle sensibilisiert und
- wird der Prozess der Problemlösung durch eine gründliche Definition des Problems direkt nach der Entdeckung vorbereitet.

Oft werden Eskalationsregeln festgelegt, z. B. wird nach 15 Minuten Stillstand die Produktionsleitung informiert, nach 60 Minuten die Geschäftsführung. Andon kann sehr gut digital unterstützt werden, z. B. werden Führungskräfte online gewarnt oder hinzugeschaltet.

Andon dient der Lösung von Ad-hoc-Themen – wiederholende Störungen und lange Stillstände sollten darüber hinaus im SFM durch eine Problemlösung behandelt werden.

3.2.2 Gemba Walks/Audits

Bei den sogenannten Gemba Walks (vom japanischen „Gemba“ = „Ort der Wertschöpfung“) handelt es sich um standardisierte Rundgänge durch eine Produktion, in denen routinemäßig der Status von Fertigung, Montage, Prüfprozessen, Logistik usw. anhand festgelegter Berichtspunkte überprüft wird. In der Regel erhalten die Führungskräfte an jedem Punkt einen kurzen, standardisierten Bericht durch die Beschäftigten selbst. Der Gemba Walk kann sowohl die direkten (Produktion) als auch die indirekten Bereiche umfassen (Bild 3.4).

In der Produktion lohnt sich z. B. der Blick auf die Ablieferleistung, die Qualitätssituation sowie auf den Stand der laufenden Verbesserungsaktivitäten. An einzelnen, täglich wechselnden Arbeitsplätzen bietet sich ein „Deep Dive“ an, der ein Gespräch mit den Beschäftigten vor Ort beinhaltet. In diesem Gespräch kann erkannt werden, ob die Mitarbeitenden ihre Ziele und Vorgaben kennen und verstehen, wie mit Problemen umgegangen wird und was noch weiter verbessert werden sollte.

In Deutschland wird dieses Element häufig in wöchentlichen und monatlichen 5S-Audits gelebt. Effektiver sind jedoch ein kürzerer, täglicher Rhythmus und die Überprüfung aller Arten von Prozessvorgaben in allen Bereichen. Um die Gemba Walks in einem solch hohen Rhythmus zeitlich zu schaffen, ist es hilfreich, jeden Tag wechselnde kleine Bereiche in den Fokus zu nehmen.

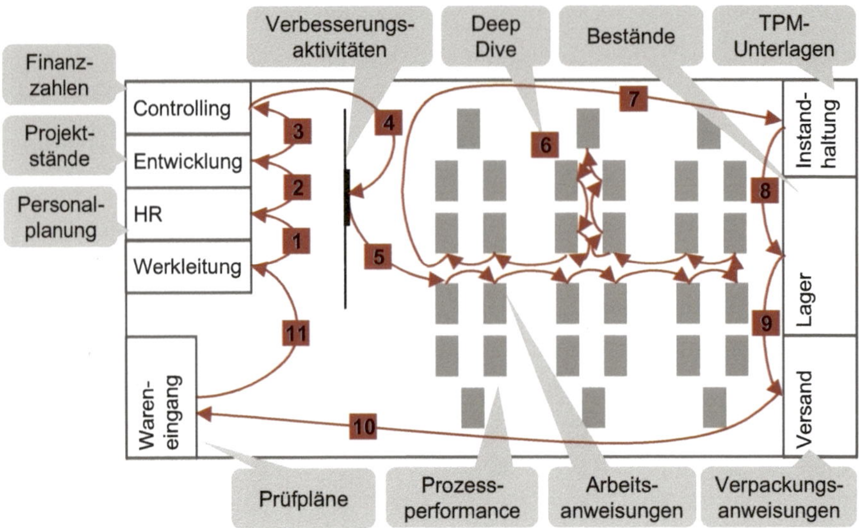

Bild 3.4 Beispiel eines Gemba Walks

3.2.3 Kennzahlen

Für die definierten Kennzahlen (vgl. Abschnitt 2.2) werden die Ist-Werte täglich erfasst, am besten durch das Team selbst. Klassischerweise nennen die Beschäftigten Ausbringungen, Qualitätsprobleme oder Unfälle in der Besprechung – heute finden sich viele der Informationen bereits im ERP (Enterprise Resource Planning) oder im MES (Manufacturing Execution System) und können dort abgerufen werden. Wie und durch wen der tägliche Datensammelprozess durchgeführt wird, sollte dabei Teil der Kennzahlendefinition sein, damit täglich vergleichbare Zahlen zur Verfügung stehen.

Während eines internationalen Digitalisierungsprojekts bei einem Sensorhersteller sollten Daten aus dem MES angebunden werden. Es gab eine zentrale Lean-Abteilung, die die Definitionen der Kennzahlen gut verwaltet hat, und dieselben IT-Systeme in den zwei global verteilten Standorten. Nach der Anbindung der Datenquelle mit den zentralen Vorgaben hat sich herausgestellt, dass die ausgegebenen Werte nicht denen entsprachen, die die Produktionsteams vor Ort auf ihren analogen Boards hatten. Während sich die Teams die Reports aus dem System gezogen haben, haben sie z. B. verschiedene Produktgruppen unterschiedlich bewertet oder den Abschluss eines Prozesses anhand verschiedener Meldepunkte definiert, um der Realität vor Ort besser zu entsprechen. Diese Veränderungen im Datensammelprozess wurden jedoch nie formal festgehalten oder über die Teams oder einen längeren Zeitraum konstant durchgeführt. Die Vergleichbarkeit der Werte ging so verloren und vor der Weiterführung des dSFM-Projekts musste der Datensammelprozess für die Mehrzahl der Kennzahlen neu definiert werden.

Die Daten werden als Vorbereitung der Shopfloor-Besprechung gesammelt und dort mit Ziel- und Grenzwerten verglichen, um Abweichungen zu erkennen.

3.3 Shopfloor-Besprechung durchführen

Die Besprechungen am Shopfloor-Board sind das markanteste Element der SFM-Methode, da sich hier das ganze Team trifft. Der Erfolg der Meetings und damit auch der Methode hängt dabei stark von der Moderation der Besprechung ab.

3.3.1 Das Shopfloor-Board

Zentrales Element des Shopfloor Managements ist klassischerweise ein Whiteboard in der Produktion. Auf diesem werden Kennzahlen, deren Trends, der Stand von Maßnahmen und Problemlösungsprozesse, allgemeine Informationen, die Agenda der Besprechung und Verhaltensregeln visualisiert (Bild 3.5).

	Arbeitssicherheit	Kennzahlen Produktion	Kennzahlen Qualität	Planung
Ist-Zustand	Belegschaft		60 %	
Trends				
Maßnahmen		A3-Report	A3-Report	

Bild 3.5 Analoges Shopfloor-Board (schematisch) nach [16]

Das Board sollte so gestaltet sein, dass sogar ein Abteilungsfremder auf Anhieb erkennen kann, wie der Stand des Produktionsbereiches ist – sowohl bezüglich der Ergebniserreichung als auch über die laufenden Maßnahmen. Anhand des Shopfloor-Boards findet die Regelbesprechung statt.

3.3.2 Moderation der Shopfloor-Besprechung

Die Moderation der regelmäßigen SFM-Besprechungen sollte durch die direkte Führungskraft erfolgen – so wird Verbindlichkeit hergestellt. Sinnvoll ist es z.B., dass die Abteilungsleitung zunächst für eine Anfangszeit die Besprechungen einer Gruppe moderiert und dann die Moderation an die Gruppenleitung abgibt. Für die folgenden Besprechungen hält sich die Abteilungsleitung im Hintergrund und gibt der Gruppenleitung nach jeder Besprechung Feedback, bis sie die neue Führungsroutine beherrscht. Eine Vertretungsregelung für die Moderation sollte definiert werden, um ein Ausfallen der Besprechung aufgrund einer fehlenden Team- oder Gruppenleitung zu vermeiden. Um weitere Personen für die Moderation zu qualifizieren, ist eine rollierende Moderation sinnvoll. Die SFM-Besprechung durch Lean-Verantwortliche durchführen zu lassen, ist nicht zielführend, da sie in der Regel keinen disziplinarischen Durchgriff haben und nur zeitlich begrenzt verfügbar sind.

Für eine erfolgreiche SFM-Besprechung muss die Moderation folgende Punkte sicherstellen:

- Alle Teilnehmenden sind pünktlich.
- Alle Teilnehmenden haben ihre Informationen vorbereitet.
- Es wird eine Standardagenda abgearbeitet.
- Abweichungen und Probleme werden offen angesprochen.
- Lösungsvorschläge aus dem Team werden eingefordert.
- Wenn Ursachen und Maßnahmen nicht direkt geklärt werden können, wird die Problemlösung aus der Besprechung ausgelagert.
- Die festgelegte Dauer (z.B. 15 Minuten) wird nicht überschritten.

In der Shopfloor-Besprechung ist es eine große Herausforderung für die Moderation, die Abweichungen und die zu ihrer Beschreibung relevanten Informationen zu sammeln. Häufig werden jedoch – ob gewollt oder ungewollt – Redebeiträge gemacht, die auf Meinungen beruhen oder vom eigentlichen Thema ablenken. Für die Moderation ist es nun wichtig, Zielführendes von Irrelevantem zu unterscheiden. Folgendes Muster kann der Moderation helfen, eine Besprechung nicht abschweifen zu lassen:

- Zunächst sollte die Frage nach dem Ziel- bzw. Normalzustand gestellt werden, in dem sich ein Prozess (z. B. aufgrund von Vorgaben) befinden sollte.
- Darauf sollte die Frage nach dem beobachteten Ist-Zustand folgen und in welchen Kategorien, Zahlen oder Verhaltensweisen er vom Zielzustand abweicht. Grundsätzlich gilt dabei: Es sind zur Beschreibung einer Abweichung nur Fakten zugelassen.
- Erst dann ist ein kurzer Austausch über mögliche Ursachen und Maßnahmen gewünscht und sinnvoll. Ist die Ursache-Wirkungs-Beziehung klar, kann gegebenenfalls sofort eine Gegenmaßnahme noch in der Besprechung festgelegt werden. Eine Diskussion über Ursachen sprengt jedoch den Zeitrahmen und betrifft meist nicht alle Anwesenden. Die Moderation muss hier relevante Informationen sammeln, aber anschließend die Diskussionen abbrechen und die Problemlösung auf einen anderen Zeitpunkt und gegebenenfalls in ein anderes Team verlagern.

So kann die Moderation die richtige Balance zwischen reinem Kennzahlenreporting und einer Diskussionsrunde finden – denn beides wird von den Beschäftigten schnell abgelehnt.

Werden in der Besprechung nur Zahlen ausgetauscht und diese im schlimmsten Fall noch mit Vorwürfen unterlegt, ist das Meeting zwar kurz, aber es werden keine Verbesserungen angestoßen. Wird das Team weder nach Lösungen gefragt, noch werden ihm welche angeboten, verliert es (zu Recht) schnell das Interesse.

Das andere Extrem, das zur Ablehnung führt, ist das Abdriften in Diskussionen. Sie führen zum Überziehen der Termine und meist haben nicht alle Anwesenden eine Meinung zu einem Thema – wird die Diskussion durch Meinungen und nicht durch Fakten dominiert, ist sie nicht zielführend. Um die Meetings für alle effizient zu halten, muss die Moderation die Diskussion auslagern und Maßnahmen treffen, neue Fakten zu erlangen. Zum Beispiel dadurch, dass weitere Experten hinzugezogen werden oder ein emotional aufgeladenes Thema durch eigene Kennzahlen objektiv dargestellt wird.

Oft ist bereits an der Körperhaltung der Teilnehmenden abzulesen, ob eine SFM-Runde erfolgreich ist. Steht ein größerer Teil mit verschränkten Armen, lässig angelehnt oder schaut nur auf die Ausgangstür, machen sie deutlich, dass sie keinen Sinn in der Besprechung sehen.

Auf der Werksleitungsebene eines Kupplungsherstellers war die Veränderung der Dynamik der SFM-Runden durch unterschiedliche Moderationen von einem auf den anderen Tag zu beobachten. Die Werksleitung hat einen starken Fokus auf die Problemlösung gelegt und wollte vor allem wissen, woran gerade gearbeitet wird und wie sie in den einzelnen Themen unterstützen muss. In den Besprechungen wurden Abweichungen angesprochen und Entscheidungen getroffen. Dienstags und donnerstags hat eine Vertretung die Moderation übernommen und ist die gleichen Agendapunkte durchgegangen. Diese hat sich aber im Wesentlichen über Vorkommnisse informieren lassen und die Runden hatten dadurch wesentlich weniger produktive Ergebnisse. Nachdem dies durch externe Beobachtungen aufgedeckt wurde, hat die Werksleitung an allen Tagen die SFM-Runden geleitet und die Vertretung wurde nochmals in der Bedeutung und den Zielen von SFM geschult.

3.4 Abweichungen analysieren und priorisieren

Zur Bewertung und Abarbeitung der aufgenommenen Abweichungen muss die Organisation zwei Routinen entwickeln: vollständige Abweichungsbeschreibungen erstellen und klar priorisieren.

3.4.1 Abweichungen vollständig beschreiben

Ein erfolgreiches Abweichungsmanagement sowie ein eventuell notwendiger Problemlösungsprozess beginnen mit der Routine, Abweichungen vollständig und lösungsunabhängig zu beschreiben. Die Beschreibung der Abweichung sorgt für ein einheitliches Problemverständnis und ist so das Fundament der anschließenden Ursachenanalyse [17]. Eine unzureichende Beschreibung einer Abweichung führt möglicherweise

- zu einem unzureichenden Verständnis des Problems,
- zur Lösung des falschen Problems,

- zur Suche nach der falschen Ursache,
- zur Nachbesserung des Prozesses, weil das Problem erneut auftritt, und
- schließlich zur Frustration des SFM-Teams.

Eine gute Abweichungsbeschreibung gibt der Abweichung einen genauen Titel. Die Abweichung sollte als Unterschied zwischen Soll-Zustand und Ist-Zustand beschrieben werden und immer auch das betroffene Objekt enthalten. Ein Beispiel:

> „Roboter 1 der Bremsbelagmontagelinie positioniert das zehnte Segment durchgängig falsch.“

Objekt der Abweichung ist der Roboter der Bremsbelagmontagelinie, Abweichung ist die Positionierung am falschen Ort (Bild 3.6).

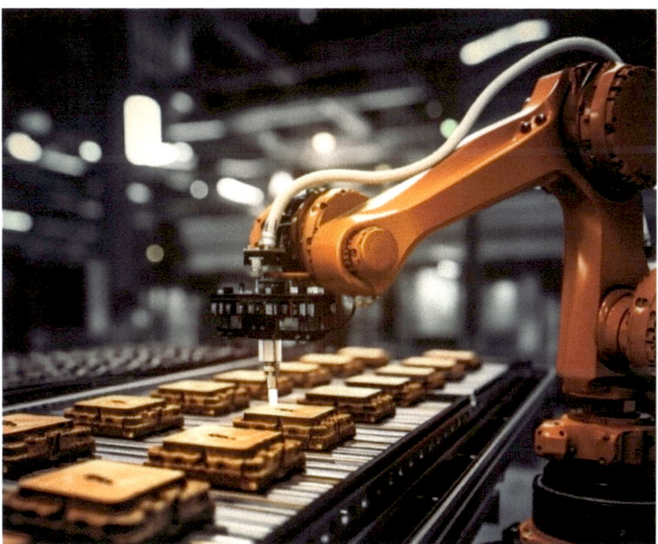

Bild 3.6 Roboter in der Bremsbelagmontagelinie (schematisch) [7]

Darüber hinaus weist eine gute Abweichungsbeschreibung direkt auf den Punkt der Fehlerentstehung, denn hier sollte der Problemlösungsprozess starten. Ein Beispiel für eine schwache Abweichungsbeschreibung wäre (Bild 3.7):

> „Montagelinie A hat in der Morgenschicht 20 Teile unter Soll ausgebracht.“

Bild 3.7 Montagelinie (schematisch) [7]

Um eine bessere, spezifischere Abweichungsbeschreibung zu erhalten, sollte bei der Moderation der SFM-Runde nun durch Warum-Fragen versuchen, näher an den Ort der Fehlerentstehung zu gelangen:

„Warum hat die Linie A 20 Teile unter Soll gelegen?“

→ Antwort: „Weil der Mitarbeitende an der dritten Station nicht dem Takt folgen konnte.“

„Warum war dies der Fall?“

→ Antwort: „Wir wissen es noch nicht.“

Damit lautet die Abweichungsbeschreibung nun wie folgt:

„Der Mitarbeitende an Station 3 kann nicht durchgängig der Taktzeit folgen.“

Diese Abweichungsbeschreibung ist viel spezifischer als die erste und weist direkt auf den Ort, an dem eine Ursachensuche starten sollte.

Eine gute Abweichungsbeschreibung ist also aus zwei Gründen von grundlegender Bedeutung:

- Sie liefert den genauen Titel für die weitere Kommunikation über das Problem und gibt der Abweichung einen Namen.
- Sie gibt den Rahmen für die Priorisierung und gegebenenfalls weitere Suche nach der Ursache vor.

3.4.2 Priorisierung von Abweichungen

Wird jede Abweichung mit der gleichen Priorität behandelt, werden die Problemlösungskapazitäten eines Teams schnell überfordert. Die Qualität der Problemlösungen wird darunter leiden und Frustration kann die Folge sein, da Themen zu lange liegen bleiben.

Es muss also für jede erkannte Abweichung eine von drei Handlungsalternativen ausgewählt werden (Bild 3.8).

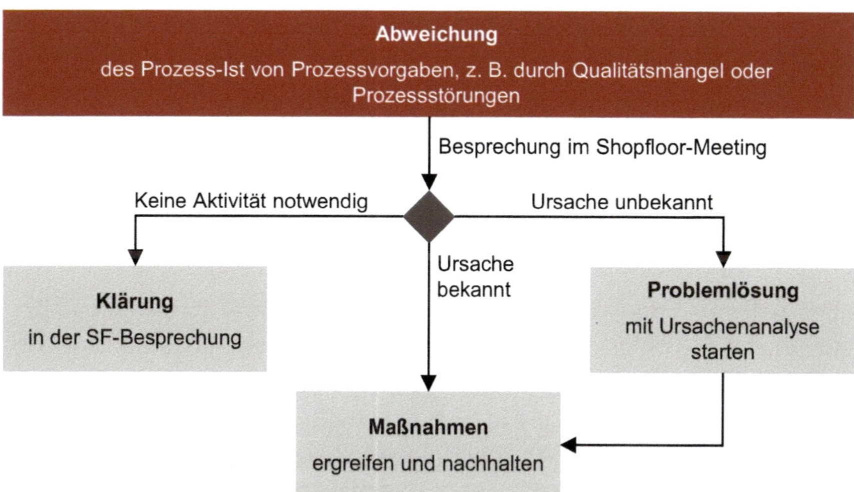

Bild 3.8 Mögliche Wege einer Abweichung

Entweder werden Abweichungen nur besprochen und keine Aktivitäten gestartet, es werden direkt Maßnahmen getroffen oder eine Problemlösung begonnen. Diese Entscheidung hängt von zwei Eigenschaften ab: Ist das Thema wichtig und ist bereits eine Ursache bekannt?

Abweichungen, die aktuell nicht wichtig sind, müssen auch nicht direkt bearbeitet werden. Die Priorität kann anhand der Zielgrößen oder anhand von Häufigkeiten erkannt werden.

Soll die Abweichung bearbeitet werden, schließt sich die Frage nach dem „Wie" an. Kann die Grundursache durch das Team benannt werden, können auch direkt Maßnahmen definiert werden, ansonsten ist eine Problemlösung zur Ursachenanalyse vorab notwendig.

Priorisierung anhand der Zielgrößen

Der erste Schritt zur Unterscheidung von Wichtigem und Unwichtigem ist das Orientieren an den Zielgrößen eines Prozesses. Es sollte zunächst die Frage beantwortet werden, ob das Adressieren der vorliegenden Abweichung oder die Lösung eines Problems den Prozess diesem Ziel näherbringt (Bild 3.9).

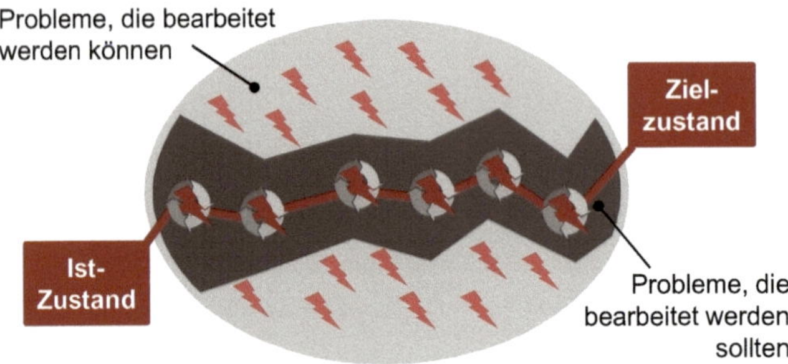

Bild 3.9 Der Zielzustand zeigt auf, welche Probleme mit Priorität gelöst werden müssen

Angenommen die Ausschussquote soll maximal 3 % betragen (Zielzustand) und sie liegt aktuell bei 6 % (Ist-Zustand). Die Beschäftigten melden auch immer wieder Probleme oder bringen direkt Vorschläge ein (rote Blitze). Dann gilt es zu priorisieren: Welches Problem verhindert die Erreichung des Zielzustands unmittelbar? Zu lange Rüstzeiten oder mangelhafte Materialversorgung wären z. B. Themen, mit denen man sich auch beschäftigen könnte (hellrote Blitze), die Ausschussquote wird dadurch jedoch nicht direkt reduziert. In diesem Beispiel sind Maschinenparameter oder die Beschäftigtenqualifikation Faktoren, die nacheinander durch mehrere PDCA-Zyklen angegangen werden sollten, um den Zielzustand zu erreichen (rote Blitze im dunkelgrauen Korridor).

In diesem Fall würden Abweichungen von den vorgegebenen Rüstzeiten aktuell nicht bearbeitet, da zunächst Qualitätsthemen Vorrang haben. Es ist trotzdem wichtig, die Abweichungen weiter aufzunehmen, um sie anhand der Häufigkeit später noch priorisieren zu können.

Priorisierung anhand von Häufigkeit

Denn auch Abweichungen, die alleine klein und unwichtig erscheinen, können große Schäden verursachen, wenn Sie sich häufig wiederholen. Nach dem Pareto-Prinzip sind 80 % der Leistungseinbußen eines Prozesses auf 20 % der Ursachen zurückzuführen [18]. Diese 20 % zu finden und abzustellen, kann das Unternehmen also deutlich weiterentwickeln. In der Praxis wird dies durch Pareto-Analysen realisiert (Bild 3.10).

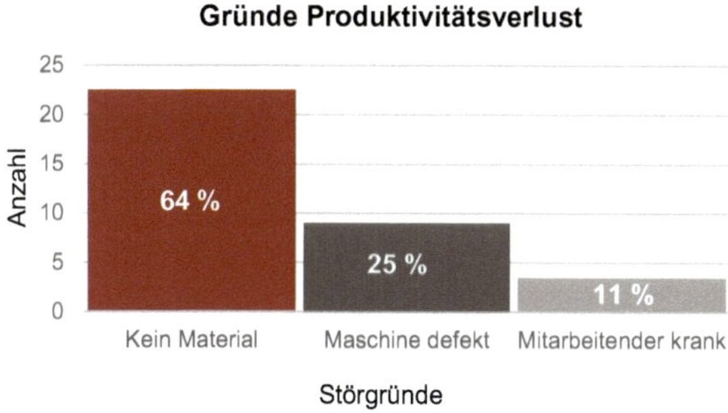

Bild 3.10 Beispiel eines Pareto-Charts nach [16]

In dieser Analyse werden die Abweichungen kategorisiert, um die häufigsten Ursachen und Problemfelder zu identifizieren. Es können die Häufigkeiten von Abweichungen oder die Summen von Stördauern bzw. Folgekosten gebildet werden [16]. Im dSFM können die häufigsten Abweichungen auch durch die Analyse der Volltexte direkt bestimmt werden (Abschnitt 7.3).

Wird eine Abweichung als wichtig erkannt, gilt es, Maßnahmen zu definieren, doch dies kann nur erfolgreich sein, wenn die Grundursache bekannt ist. Wie ist jedoch eine Grundursache definiert bzw. zu erkennen?

Der Begriff der Grundursache bezeichnet diejenige Ursache, mit der die Wirkungskette, die zu einer Abweichung geführt hat, startete. Erstes Ziel von Maßnahmen gegen eine Abweichung sollte daher immer das Abstellen dieser Grundursache sein. Ist sie sicher und nachhaltig durch eine Maßnahme adressiert, kann die zugehörige Abweichung nicht mehr auftreten. Ist die Grundursache einer Abweichung dem SFM-Team bereits bekannt, kann umgehend mit der Suche nach geeigneten Gegenmaßnahmen begonnen werden und gegebenenfalls noch während der Besprechung eine Maßnahme definiert werden. Dies gilt in der Regel für die Mehrzahl der erfassten Abweichungen.

Um zu erkennen, ob die Grundursache bereits identifiziert wurde, kann sich das Team z. B. fragen: „Wird durch das Abstellen dieser Ursache das Auftreten der Abweichung sicher verhindern?“ Lautet die Antwort „Ja“, so ist die Grundursache gefunden und es ist keine weitere Problemlösung notwendig. Das Team kann in diesem Fall sofort eine Gegenmaßnahme definieren. Diese Maßnahme wird dann entsprechend der PDCA-Logik auf dem Teamaktionsplan weiterverfolgt (Abschnitt 3.5.1).

Kann die Grundursache in der SFM-Besprechung nicht identifiziert werden, sollte ein Problemlösungsprozess gestartet werden, der aus Zeitgründen nicht Teil der SFM-Besprechung ist (Abschnitt 3.6).

Bei einem großen Automobilhersteller sollte das Abweichungsmanagement in der Motorenmontage überarbeitet werden. Es gab bereits strukturierte Problemlösungsprozesse und zuständige Teams. Der Maßnahmenplan umfasste jedoch mehrere Hundert offene Punkte. Da eine Priorisierung mit „1", „2" und „3" nicht mehr ausreichte, wurde noch eine „0,9" und eine „0,8" eingeführt. Damit ist klar, dass selbst Probleme mit Priorität „1" nicht mehr bearbeitet wurden. Obwohl es also große Anstrengungen in der Problemlösung gab und viele Themen abgearbeitet werden konnten, führte die Menge an offenen Punkten dennoch zu Frust in der Belegschaft, da aus ihrer Perspektive nichts erreicht wurde. Zur Verbesserung der Situation wurde zunächst der bestehende Maßnahmenplan gelöscht - die Inhalte waren zum Teil veraltet und der Rückstau war nicht mehr zu schaffen. Damit es nicht wieder dazu kommt, wurden die Kriterien zum Starten eines Problemlösungsprozess und zur Eskalation transparent gemacht und wurde die Verantwortung zur Lösung, aber auch zur Priorisierung mehr auf die Teamleitung und deren Teams übertragen. So kann eine Überlastung der höheren Ebenen bei höherer Zufriedenheit der Mitarbeitenden vermieden werden.

Im Beispiel der Motorenmontage werden jede Woche die drei häufigsten und die drei schwerwiegendsten Abweichungen für die systematische Problemlösung ausgewählt. Sechs Probleme pro Woche und Bereich sind dabei schon viel, und es gibt im angesprochenen Bereich über die SFM-Runden weitere Regeltermine zur Bearbeitung der Probleme mit der Instandhaltung und der Produktion. Ohne zusätzliche Kapazitäten sind ein bis zwei systematische Problemlösungsprozesse pro Monat ein gutes Ziel.

3.5 Prozessverbesserungen umsetzen

Wurden Maßnahmen festgelegt, gilt es, diese zügig abzuarbeiten. Dazu wird der Stand der laufenden Maßnahmen auf dem Teamaktionsplan nachvollzogen und gegebenenfalls eskaliert.

3.5.1 Teamaktionsplan

Der Teamaktionsplan (Bild 3.11) ist das zentrale Dokument, auf dem Abweichungen erfasst, kurz beschrieben und mit Maßnahmen versehen werden. Ein Blick auf die Aktualität und Sorgfalt, mit der ein Teamaktionsplan geführt wird, zeigt, ob der zugehörige KVP ein gelebter Prozess ist.

Datum	Abweichung	Maßnahme	Verantwortlich	Frist	Status
23.5.	Stillstand der Maschine aufgrund von Überhitzung	Schmierzyklen verkürzen	Marvin Müller	4.6.	◔
27.5.	Mängelteile wurden weitergegeben	Rote Behälter für Mängelteile bereitstellen	Christian Hertle	7.6.	◕

Bild 3.11 Teamaktionsplan (Beispiel)

Auf dem Teamaktionsplan werden

- Abweichungen erfasst und Abweichungsbeschreibungen dokumentiert,
- neue Maßnahmen definiert,
- Verantwortlichkeiten für Maßnahmen zugeordnet und terminiert.

Darüber hinaus wird im Teamaktionsplan der Fortschritt von Maßnahmen aus früheren Sitzungen entsprechend der PDCA-Logik verfolgt.

Für den Status der Umsetzung von Aktivitäten werden sogenannte „Harvey Balls" (Kreise mit vier Segmenten) verwendet. Im Rahmen des hier favorisierten Vorgehens dienen diese nicht - wie häufig vorzufinden - der Verfolgung des prozentualen Fortschritts der Maßnahmenumsetzung. Vielmehr sollte ein Maßnahmenfortschritt nach den vier Schritten der PDCA-Logik verfolgt werden, also:

1. Plan: Maßnahme definiert und Umsetzung geplant.
2. Do: Maßnahmen vor Ort nachweislich umgesetzt.
3. Check: Maßnahmenwirksamkeit nachweislich gegeben.
4. Act: Maßnahmen in den neuen Standard überführt und auf weitere Prozesse übertragen.

Erst nach dem vierten Schritt gilt die Aktivität als abgeschlossen.

Die SFM-Besprechung ist auch der Zeitpunkt, die bereits definierten Aktivitäten anhand des Teamaktionsplans zu überprüfen. Das bedeutet nichts anderes, als im Teamaktionsplan zurückzublättern und die jeweils Verantwortlichen über den Stand der Bearbeitung offener Punkte berichten zu lassen. Hier können Fortschritte überprüft, mögliche Hinderungsgründe besprochen, weitere Unterstützungsmaßnahmen (z. B. durch die Führungskraft) definiert oder Maßnahmen eskaliert werden.

3.5.2 Klar definierte Eskalationswege

Abweichungen sollten, soweit möglich, direkt dort bearbeitet werden, wo sie entstehen. In den Teams ist zum einen das beste Prozesswissen vorhanden und zum anderen werden so übergeordnete Stellen nicht überlastet. Dies gelingt jedoch nicht immer. Oft liegt die Ursache einer Abweichung in einem vorgelagerten Prozess oder dem Team fehlt die Entscheidungskompetenz zur Umsetzung der Maßnahmen. Um Verantwortlichkeiten und Maßnahmen effektiv im Unternehmen zu verteilen, ist daher eine Besprechungskaskade notwendig.

Über die Besprechungskaskade muss eine Verbindlichkeit zu allen Bereichen zur Bearbeitung von Maßnahmen hergestellt werden.

Immer wieder nimmt sich z. B. die Entwicklungsabteilung aus der Kaskade und der Bearbeitung von Maßnahmen heraus. Dies verschlechtert die Lernfähigkeit der Organisation und führt mittelfristig zu Frust, da auch einfache Lösungen, die konstruktive Änderungen erfordern, nicht umgesetzt werden. Auch zur Entwicklungsabteilung sollte spätestens über die Geschäftsführung, besser direkt in den Teams ein verbindlicher Eskalationsweg bestehen.

Dies ist umso wichtiger, je früher der Kundeneingriffspunkt liegt. In einem Make-to-Stock- oder Make-to-Order-Serienprozess sind Produkte erprobt und für die Serie freigegeben. Die Abarbeitung von akuten Maßnahmen durch die Entwicklung ist daher seltener notwendig. Es reicht aus, wenn die Entwicklung erst in der höchsten Hierarchieebene der Besprechungskaskade teilnimmt. Im ETO-Bereich (Engineer-to-Order) dagegen ist die Spezifikation der immer neuen Produkte häufig nicht ausreichend oder fehlerhaft. Ein Austausch der Produktionsmitarbeitenden und der Entwicklung sollte hier schon auf Teamebene passieren. Ähnliches gilt auch für den Einkauf und die Arbeitsvorbereitung.

Die Eskalation ist wichtig, sollte jedoch nur gezielt eingesetzt werden. Wird zu viel eskaliert, wird der Problemlösungsprozess „verstopft“, wenige Personen im Unternehmen erhalten viele Maßnahmen und Probleme aus verschiedenen Bereichen. Die Kapazität für die Lösung der einzelnen Themen sinkt und die Bearbeitungszeit steigt. Solche Bottlenecks können durch Eskalationsregeln vermieden werden.

Eine Eskalation sollte (z. B.) erfolgen, wenn

- ein Enddatum mehr als fünf Tage überschritten wurde,
- ein Enddatum mehr als dreimal verschoben wurde,
- eine Maßnahme mehr als 3000 Euro kostet,
- eine Maßnahme in einem anderen Bereich bearbeitet werden muss,
- drei Umsetzungsmaßnahmen nicht erfolgreich waren.

Zusätzlich kann begrenzt werden, wie viele Probleme ein Team gleichzeitig eskalieren kann (z. B. drei). Dies legt die Verantwortung für die Priorisierung in die Hände der Teams vor Ort. Diese können am besten bewerten, was für sie am wichtigsten ist, und es kommt weniger oft vor, dass es keine Rückmeldung zu eskalierten Themen gibt.

Die Eskalation entlang der Besprechungskaskade stellt darüber hinaus sicher, dass die weitergeleitete Maßnahme immer ein Arbeitsauftrag der Führungskraft ist. Werden Maßnahmen quer verteilt (z. B. über ein digitales System) fehlt die notwendige Verbindlichkeit.

3.6 Systematische Problemlösung

Nicht für alle Abweichungen können direkt Maßnahmen definiert werden. Ist die Kernursache unbekannt, muss diese zunächst isoliert werden. Das Werkzeug dafür ist die systematische Problemlösung.

Es gibt einige etablierte Methoden der Problemanalyse und der anschließenden Ursachenfindung, über die bereits ausgezeichnete Literatur veröffentlicht wurde [20]. Zudem findet die Problemlösung nicht im Rahmen der SFM-Besprechung statt, da dies ihren zeitlichen Rahmen sprengen würde. Aus diesem Grund sollen hier nur die grundlegenden Methoden und Vorgehensweisen zur Problemlösung im Rahmen von SFM erörtert werden: die Detaillierung der Problemspezifikation und die Ursachenanalyse durch 5-x-Warum oder die Ishikawa-Methode.

3.6.1 Kepner-Tregoe-Methode zur Spezifikation eines Problems

Der Punkt der Fehlerentstehung ist der Ort (und Zeitpunkt), an dem die beobachtete Abweichung erzeugt wurde. Die Herausforderung für ein Problemlösungsteam ist es, diesem Punkt so nahe wie möglich zu kommen, um hier die Ursachenanalyse zu starten.

In manchen Fällen kann der Punkt der Fehlerentstehung mithilfe der Abweichungsbeschreibung nicht klar eingegrenzt werden und es muss zusätzliche Information gesammelt werden. Für diesen Prozess der Informationssammlung und -strukturierung bieten Kepner/Tregoe eine hilfreiche Strukturierungshilfe. Die Problemspezifikation nach Kepner/Tregoe enthält eine detaillierte Problembeschreibung in vier Dimensionen:

- „Was?“ (Art der Abweichung)
- „Wo?“ (Sowohl den Ort in der Halle als auch den genauen Ort an Maschinen oder Produkten)
- „Wann?“ (Dazu gehört auch „Wie häufig?“)
- „Wie stark?“ (Ausmaß der Abweichung)

Alle erhältlichen Informationen über das Problem fallen in eine dieser vier Dimensionen. Innerhalb jeder Dimension werden Fragen gestellt, um zu beschreiben, welche Merkmale eine Abweichung beschreiben bzw. wie sich die Abweichung für unsere Sinne darstellt. An die Stelle von Annahmen müssen Fakten treten. Wenn die Fakten nicht ohne Weiteres verfügbar sind, müssen sie beschafft werden, auch wenn dies Zeit kostet. Der Ansatz ist „Genchi Genbutsu“, also das Sammeln der Problemeigenschaften am Ort des Geschehens.

Hier ein Beispiel, in dem der Ort der Entstehung einer Abweichung noch unbekannt ist. Die Abweichungsbeschreibung lautet:

> „Die Montagelinie A hat 20 Einheiten unter Soll entsprechend Prozessvorgaben abgeliefert.“

Mithilfe einer Tabelle, welche vorformulierte Fragen in jeder der vier Dimensionen enthält, sammelt das Problemlösungsteam nun die Eigenschaften der Abweichung, was im Beispiel zu Tabelle 3.1 führt.

Tabelle 3.1 Eigenschaften der Abweichung [20]

Dimension		Abweichung (IST)
Was	An welchem Objekt beobachten wir die Abweichung?	Montagelinie A
	Was genau ist die Abweichung?	Produktionsmenge 20 Stück unter Soll
Wo	Wo am Objekt beobachten wir die Abweichung (geografisch)?	Am Ende der Linie
	Wo genau befinden sich die Abweichung am Objekt?	Station 3 erreicht nicht den Linientakt
Wann	Wann wurde die Abweichung zuerst beobachtet?	Mittwoch dieser Woche zur Morgenschicht
	Wann seitdem wurde die Abweichung beobachtet? Gibt es ein Muster?	Jede Schicht
Ausmaß	Wie viele Objekte haben die Abweichung?	Linie A ist betroffen
	Wie groß ist eine einzelne Abweichung?	20 Stück, stabil

Mithilfe dieser „Sammlung“ problembezogener Information kann – zusätzlich zur Abweichungsbeschreibung – eine detailliertere Problemspezifikation formuliert werden. Im Beispiel würde sie wie folgt lauten:

> „Montagelinie A erreicht seit Mittwochmorgen in jeder Schicht einen Output, der stabil 20 Stück unter Soll liegt. Dabei kann Station 3 dem Kundentakt nicht folgen.“

Auf der Basis dieser Problemdefinition kann Station 3 als Ort identifiziert werden, an dem die Suche nach der Ursache nun starten kann. Dabei kann wieder mit der 5-x-Warum-Methode vorgegangen werden.

In Fällen, in denen der Ort der Fehlerentstehung so noch nicht identifiziert werden kann, hilft der sogenannte logische Vergleich. Hierfür fragt man sich, was vernünftigerweise auch eine Eigenschaft der Abweichung sein könnte (= IST), aber tatsächlich nicht ist (= IST NICHT). So erhält man für jede Eigenschaft einer Abweichung eine relevante Vergleichsbasis, die zusätzliche Schlüsse zur Eingrenzung des Orts erlaubt, an dem die Abweichung entstanden ist (Tabelle 3.2).

Tabelle 3.2 Eigenschaften der Abweichung mit logischem Vergleich

Dimension		Abweichung (IST)	Abweichung (IST NICHT)
Was	An welchem Objekt beobachten wir die Abweichung?	Montagelinie A	Nicht Linie B und C
	Was genau ist die Abweichung?	Produktionsmenge 20 Stück unter Soll	
Wo	Wo am Objekt beobachten wir die Abweichung (geografisch)?	Am Ende der Linie	
	Wo genau befinden sich die Abweichung am Objekt?	Station 3 erreicht nicht den Linientakt	Station 1, 2, 4–7
Wann	Wann wurde die Abweichung zuerst beobachtet?	Mittwoch dieser Woche zur Morgenschicht	Seit SOP
	Wann seitdem wurde die Abweichung beobachtet? Gibt es ein Muster?	Jede Schicht	Auf eine Schicht beschränkt
Ausmaß	Wie viele Objekte haben die Abweichung?	Linie A ist betroffen	Mehr oder weniger als 20 Stück
	Wie groß ist eine einzelne Abweichung?	20 Stück, stabil	Trend nach oben oder unten

Mithilfe von Tabelle 3.2 kann die Problemspezifikation noch passgenauer formuliert werden:

> „Montagelinie A erreicht seit Mittwochmorgen (und nicht früher) einen Output, der stabil 20 Stück unter Soll liegt. Dabei kann lediglich Station 3 dem Kundentakt nicht folgen. Es sind alle Schichten gleichmäßig betroffen. Es ist keine andere Linie und auch keine andere Station betroffen."

Diese Information weist klar auf Station 3 der Linie A als Ort der Fehlersuche hin und schließt andere Orte aus. Sie kann nun auch genutzt werden, um Vorschläge für mögliche Ursachen auf ihre Gültigkeit zu testen. Die Frage bei der Problemlösungsmoderation könnte dann lauten: „Wenn dies tatsächlich die Ursache der Abweichung ist, erfüllt diese Ursache die Problemdefinition in allen Dimensionen?"

Ein Beispiel: Ein Mitglied des Problemlösungsteams vermutet als Ursache der Abweichung, dass auf Station 3 ein neuer Mitarbeitender eingesetzt wird. Dieser arbeite in der Frühschicht, werde seit Mittwochmorgen eingearbeitet und könne daher noch nicht dem Linientakt folgen. Dieser Vorschlag für die Ursache kann bereits jetzt – ohne weitere Analyse – ausgeschlossen werden, denn die Abweichung tritt stabil in allen Schichten auf und ist nicht nur auf die Frühschicht begrenzt. ■

Mit der Problemspezifikation kann die Problemlösung fortgesetzt werden.

3.6.2 Problemlösung mithilfe von 5-x-Warum?

Anschließen wird durch wiederholtes Fragen nach dem Grund für die Abweichung (Richtgröße fünfmal) von der Spezifikation auf die Grundursache geschlossen:

„Montagelinie A erreicht seit Mittwochmorgen (und nicht früher) einen Output, der stabil 20 Stück unter Soll liegt. Dabei kann lediglich Station 3 dem Kundentakt nicht folgen. Es sind alle Schichten gleichmäßig betroffen. Es ist keine andere Linie und auch keine andere Station betroffen."

Warum?

→ Weil der Mitarbeitende häufig die Station verlassen muss, um Material zu holen.

Warum?

→ Weil die Materialanlieferung an Station 3 unvollständig ist.

Warum?

→ Weil in der Kommissionierung unvollständige Teilesätze gebildet werden.

Warum?

→ Weil die Pickliste der Kommissionierung nach einer Stücklistenänderung nicht angepasst wurde.

Warum?

→ Weil es keinen Workflow für das automatische Anpassen der Pickliste nach Stücklistenänderungen gibt.

Die Antwort auf die letzte Warum-Frage ergibt die Grundursache. Eine Maßnahme, welche zu einer automatischen Anpassung der Pickliste bei jeder Stücklistenänderung führt, wird ein Wiederauftreten der betrachteten Abweichung sicher verhindern.

Die 5-x-Warum-Methode ist ein einfaches und wirkungsvolles Instrument, um Ursache-Wirkungs-Ketten zu untersuchen. Der Schlüssel zu ihrer erfolgreichen Anwendung besteht darin, die Kausalkette Schritt für Schritt von der beobachteten Abweichung bis hin zu einer Grundursache rückwärts zu verfolgen ohne die inhaltliche Verbindung zur Abweichung zu verlieren (Bild 3.12).

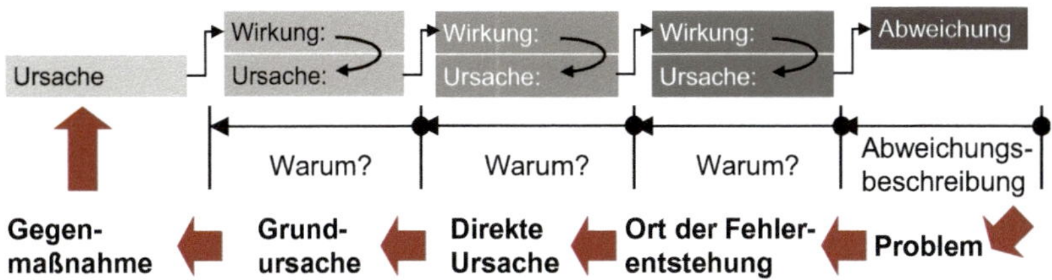

Bild 3.12 Analyse der Ursache-Wirkungs-Kette durch Warum-Fragen

Die 5-x-Warum-Methode scheint zunächst ein einfacher Prozess zu sein. Ihre erfolgreiche Anwendung erfordert jedoch einiges an Übung. Wird die Frage nach dem Warum gestellt, muss die fragende Person bewerten, ob die Antwort eine mögliche Ursache für die angesprochene Wirkung sein kann. Die Herausforderung besteht also darin, auf dem kausalen Weg von Ursache und Wirkung zu bleiben und sich von diesem Weg nicht durch verschleiernde oder unsachliche Antworten abbringen zu lassen. Es kommt darüber hinaus bei vielen Abweichungen vor, dass es mehr als einen Kausalpfad gibt. Dann teilt sich die Ursache-Wirkungs-Kette in mehrere Pfade auf. Hier gilt es, mit der Ishikawa-Methode die Übersicht zu bewahren.

3.6.3 Ishikawa-Methode für komplexe Ursache-Wirkungs-Ketten

Gibt es viele mögliche Ausgangspunkte für die Abweichung oder ist die Ursache-Wirkungs-Kette stark verzweigt, wird die Problemlösung schnell unübersichtlich. Hier bietet sich die Erstellung eines Ishikawa-Diagramms an. Ishikawa-Diagramme verbinden systematisch die beobachtete Abweichung mit möglichen Ursachen und bieten einen ausgezeichneten Überblick über die Struktur des Denkprozesses eines Problemlösungsteams. Um diesen Denkprozess zu strukturieren, findet die Ursachenverfolgung in der Regel in fünf Kategorien statt: Mensch, Methode, Maschine, Material und Mitwelt (= Umwelt). In jeder Kategorie stellt das Team nun Fragen in der folgenden Weise: Welche Ursachen können in der Kategorie X möglicherweise zur beobachteten Abweichung führen? Im erwähnten Beispiel der Station 3 von Montagelinie A könnte die Frage in der Kategorie „Mensch“ lauten:

> „Wenn der Mitarbeitende die Ursache des zu niedrigen Outputs ist, welche möglichen Ursachen kann das haben?“

Auch hier kommt die 5-x-Warum-Methode zum Einsatz, um sich systematisch entlang der möglichen Ursachen bis hin zu den Grundursachen vorzuarbeiten. Im Beispiel könnte die Grundursache ein fehlender Einarbeitungsprozess für neue Mitarbeitende sein (Bild 3.13).

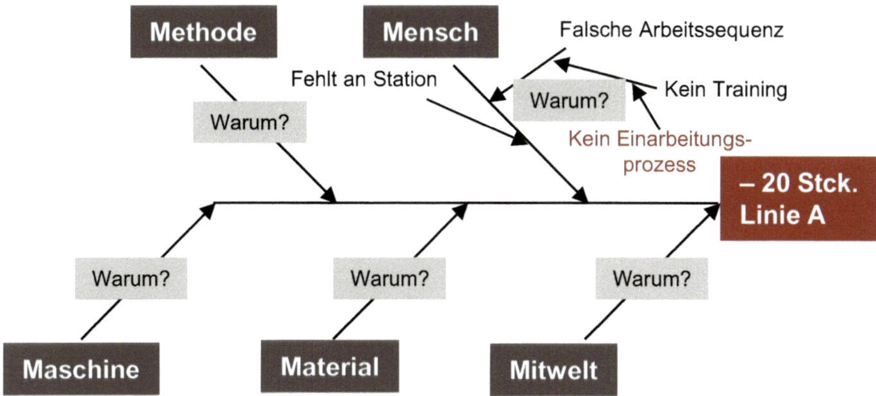

Bild 3.13 Mögliche Ursachen in der Kategorie „Mensch" in einem Ishikawa-Diagramm

Die Frage in der Dimension „Methode" könnte lauten:

> „Wenn die Arbeitsmethode die Ursache des zu niedrigen Outputs ist, welche möglichen Ursachen kann das haben?"

Durch die entsprechende Warum-Fragetechnik ergibt sich im Beispiel, dass die Pickliste in der Kommissionierung nicht automatisch bei Stücklistenänderungen angepasst wird (Bild 3.14).

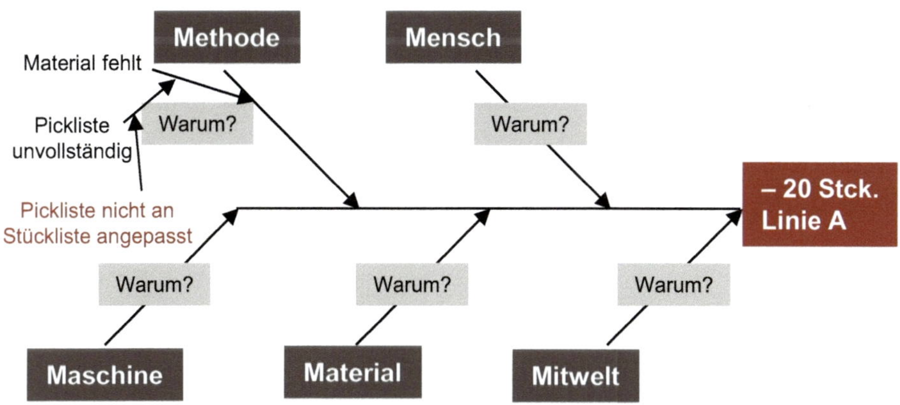

Bild 3.14 Mögliche Ursachen in der Kategorie „Methode" in einem Ishikawa-Diagramm

Das Ergebnis der Ishikawa-Methode ist also eine Reihe möglicher Ursachen für die betrachtete Abweichung. Diese möglichen Ursachen können wiederum darauf getestet werden, ob sie die vorab definierte Problemspezifikation in jeder Dimension (IST/IST NICHT) erfüllen.

Ist das der Fall, können nun Maßnahmen definiert und nach der PDCA-Logik im Teamaktionsplan nachverfolgt werden. Ergibt sich in der Checkphase, dass das

Problem nicht abgestellt wurde, ist eine weitere Iteration der Ursachensuche notwendig.

Die Methoden zur systematischen Problemlösung sind dabei prinzipiell einfach, die meisten Beschäftigten sind diese Art des Vorgehens und Denkens jedoch nicht gewohnt, da sie selten von ihnen gefordert wird. Die Problemlösungskompetenz in den Teams muss daher meistens noch gezielt entwickelt werden.

3.7 Kompetenzentwicklung

Die Moderation von Shopfloor-Besprechungen und insbesondere die ursachenzentrierte systematische Problemlösung in den Teams erfordern die Weiterentwicklung der Beschäftigten. Diese wird durch Einbeziehung, Forderung und Unterstützung erreicht. Kompetente Beschäftigte auf allen Ebenen, die auch mit neuen Herausforderungen umgehen können, stärken die Resilienz ihres Unternehmens. Gerade in dieser Zeit des Wandels rückt das Thema Coaching wieder in den Vordergrund. Dieses Kapitel erläutert die Grundprinzipien dieses Führungsansatzes.

Coaching ist ein Führungsansatz, bei dem Mitarbeitenden keine direkten Arbeitsanweisungen zur Lösung eines aktuellen Problems gegeben werden, sondern durch Fragestellungen die Mitarbeitenden in der eigenen Lösungsfindung unterstützt werden. Dies kann dazu führen, dass eine andere Lösung umgesetzt wird als diejenige, die die Führungskraft selbst entwickelt hätte. Der Mitarbeitende gewinnt dadurch jedoch Sicherheit in der eigenständigen Problemlösung und kann langfristig schwierigere Aufgaben allein übernehmen. Das Coaching erfordert Geduld und Vertrauen auf beiden Seiten. Der Coach darf die Lösungen, die er im Kopf hat, nicht direkt benennen und der Mitarbeitende erhält weniger direkte Arbeitsaufträge - sondern es sollten in erster Linie Leitfragen gestellt werden [21].

Die richtige Fragetechnik ist dabei eine wesentliche Fähigkeit, die die Führungskräfte erlernen müssen. Es gilt, die Beschäftigten durch geeignete Fragen durch den systematischen Problemlösungsprozess zu leiten. Dafür werden in erster Linie offene Fragen gestellt - um nur die Richtung, aber nicht die Ergebnisse vorzugeben. Geschlossene Fragen sollten nur für Verständnisfragen eingesetzt werden [20].

Hier ein Beispiel, wie bei einem erhöhten Ausschuss an einer Maschine durch einen Fragenden gezielt der „Punkt der Fehlerentstehung“ eingegrenzt wird:

„Warum haben wir so viel Ausschuss an der Maschine Nr. 1?“

„Weil die Vorrichtung das Teil nicht sicher einspannt und es aus der Vorrichtung rutscht.“

„Warum spannt die Vorrichtung die Teile nicht sicher?“

„Weil der Spanndruck unter dem angegebenen Wert liegt.“

„Warum liegt der Spanndruck unterhalb der Spezifikation?“

„Das können wir zurzeit nicht sagen.“

„Habe ich das so richtig verstanden: Der Spanndruck liegt unter der Spezifikation, was zu unsicherem Spannen und Ausschuss führt?“

„Ja, das ist alles, was wir zurzeit wissen.“

Der „Punkt der Fehlerentstehung“ ist dann erreicht, wenn auf eine (letzte) Warum-Frage kein weiterer Grund genannt werden kann. Hier weiß der bzw. die Befragte keine weitere Ursache mehr zu nennen. Die Problemlösung startet also hier. Im Beispiel könnte die nächste Frage lauten: Wenn der Spanndruck unter dem Soll-Wert liegt, was können mögliche Ursachen sein. Hier kann dann ein Ishikawa-Diagramm (vgl. Bild 3.13) den weiteren Frageprozess strukturieren, indem nach Ursachen im Bereich der Bedienung, der Maschine, des Materials usw. gefragt wird. Bild 3.15 zeigt, mit welchen Fragen eine Führungskraft einen Mitarbeitenden in den verschiedenen Phasen anleiten kann.

Bild 3.15 Coachingfragen für den PDCA-Prozess

Zunächst soll der Mitarbeitende selbst die Abweichung erfassen – und dabei genau benennen, welcher Ist-Zustand wie von einer Vorgabe abweicht. Dazu wird gefragt, ob Ziele nicht erreicht wurden und warum. Anschließend wird auf eine Ursachenanalyse hingeleitet und ein Maßnahmenplan besprochen. Nach der Umsetzung wird besprochen, welche Änderungen es aus welchen Gründen gegeben hat. Abschließend wird erfragt, wie die Lösung langfristig umgesetzt werden kann.

Führungskräfte, die gut Fragen stellen können, verstehen

- die Absicht hinter ihren Fragen,
- die Annahmen, die sie beim Formulieren einer Frage gemacht haben,
- wie wichtig eine sorgfältige Wortwahl ist,
- wo sie wahrscheinlich die Antworten erhalten werden.

Insbesondere Teammitglieder, die bisher hierarchisch geführt wurden und deren eigenständiges Mitdenken eher unterdrückt als gefördert wurde, können sich von diesem Ansatz schnell überfordert fühlen. Aber auch für erfahrenere Problemlöser kann es frustrierend sein, keine konkreten Arbeitsanweisungen zu erhalten, wenn sie nicht weiterkommen. Coaching ist dann effektiv, wenn es gelingt, die Mitarbeitenden im „Flow" zu halten. Das bedeutet, die Aufgaben sind fordernd, können aber gelöst werden (Bild 3.16).

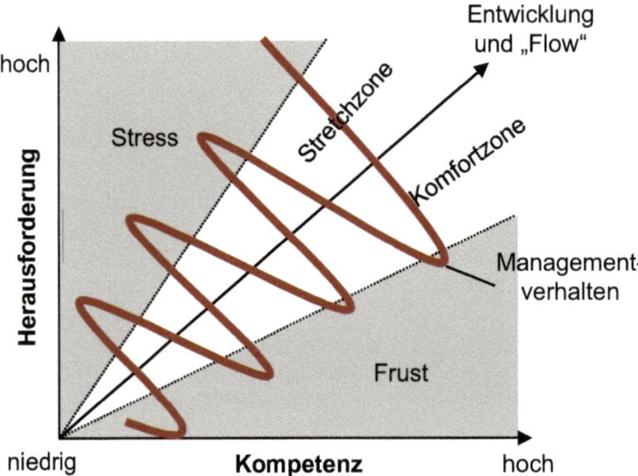

Bild 3.16 Führen mit Flow [22]

Jeder Mitarbeitende verfügt über ein einzigartiges Set an Kompetenzen, sei es fachlich, kommunikativ oder in der Problemlösung. Daher wird die gleiche Aufgabe von verschiedenen Beschäftigten auch unterschiedlich bewertet: Zu einfache Aufgaben führen zu Langeweile und Frust, in der Komfortzone kann langfristig zufrieden gearbeitet werden – es findet aber keine Entwicklung statt. Diese wird in der Stretchzone angeregt – also eine leichte Überforderung. Werden hier dennoch eigenständige Lösungen entwickelt und umgesetzt, führt das zu Erfolgserlebnissen und Zufriedenheit – Flow. Dauert die Überforderung aber zu lange an oder ist sie zu stark, führt sie zu Angst und Stress.

Ein schneller oder häufiger Wechsel der Phasen durch wechselnde Aufgaben und/oder Aufmerksamkeit sollte dabei vermieden werden.

Die Kunst besteht also darin, die Beschäftigten aus der Komfortzone in die Stretchzone zu führen und dort zu begleiten, sodass dort Erfolgserlebnisse, neue Lösungen und kompetentere Mitarbeitende entstehen. Dazu werden Problemlösungsaufgaben an Teammitglieder vergeben, die damit noch weniger vertraut sind, und unterstützen durch offene und anleitende Fragen.

Da jeder Beschäftigte in seinem Kompetenzprofil und auch in seiner Bereitschaft, die Komfortzone zu verlassen, einzigartig ist, ist es wichtig, das Coaching und die Aufgaben individuell auszugestalten.

Ab einem gewissen Kompetenzlevel kann der Mitarbeitende selbst auch Coachingaufgaben übernehmen, und die Problemlösungskompetenz wird in die Breite getragen.

3.8 SFM am Beispiel einer systematischen Problemlösung

Zur Veranschaulichung der systematischen Problemlösung im SFM und des Coachings wird ein Beispiel aus der Prozesslernfabrik CiP beschrieben. Dazu wird zunächst das Produktionsumfeld der CiP eingeführt und anschließend der Verlauf eines Problems in den verschiedenen Bereichen diskutiert.

3.8.1 Produktionsumfeld: Prozesslernfabrik CiP

Die Prozesslernfabrik steht auf dem Campus Lichtwiese an der Technischen Universität Darmstadt. Seit 2007 werden dort Schulungen für die schlanke Produktion für Unternehmen und Studierende angeboten und durchgeführt. Ein variabler Aufbau, der einer realen Produktion nachempfunden ist, ermöglicht es, das Umfeld auf das jeweilige Trainingsziel anzupassen, sodass die Teilnehmenden ihre Lösungen selbst direkt umsetzen können. Das realitätsnahe Produktionsumfeld wird darüber hinaus verwendet, um Forschung in den Bereichen Lean, Industrie 4.0, Digitalisierung und künstliche Intelligenz zu betreiben.

Die CiP „produziert“ dafür Pneumatikzylinder in acht Standardvarianten sowie in konfigurierbaren, individuellen Produkten. Die Zylinderböden und die Kolbenstangen werden in Eigenfertigung hergestellt, die übrigen Komponenten werden als Zukaufteile behandelt. Die Halle umfasst dazu mehrere Fertigungsmaschinen, Messeinrichtungen, Logistiksysteme und einen Montagebereich (Bild 3.17) [23].

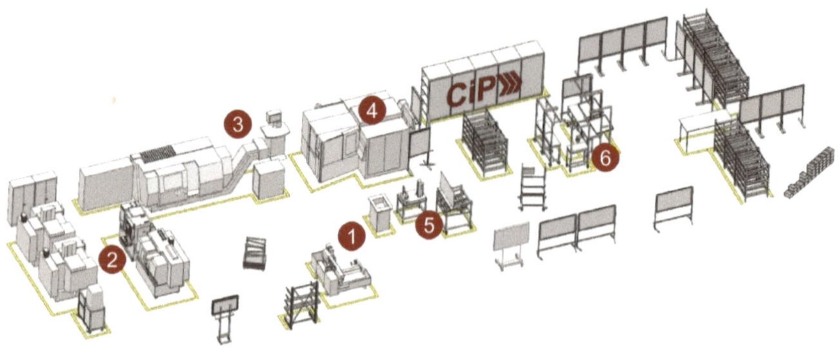

Bild 3.17 Layout der Prozesslernfabrik CiP [23]

1. Säge: Abschnitt des Rohmaterials für die Zylinderböden
2. Individualfertigung: Fertigung von kundenindividuellen Böden und Kolbenstangen in einer Sequenzfertigung
3. Drehmaschine: Fertigung von Kolbenstangen
4. Fräsmaschine: Fertigung von Zylinderböden
5. Messplatz: Reinigung und Stichprobenkontrolle
6. Montage und Verpackung: fünf Arbeitsplätze in U-Linienaufbau

Organisatorisch unterteilt sich die Produktion in die Fertigung inklusive Messplatz und die Montage mit einer übergeordneten Produktionsleitung (Bild 3.18).

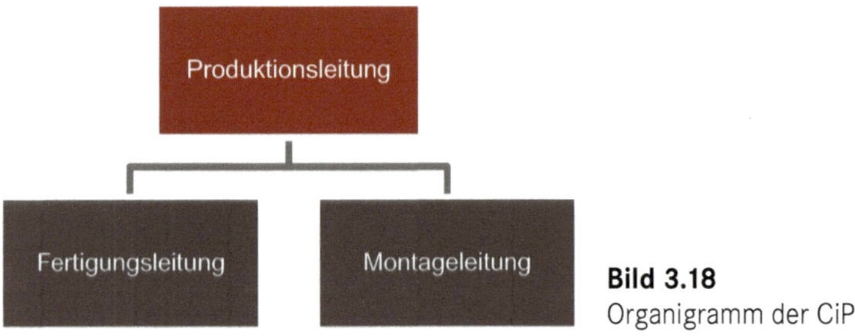

Bild 3.18 Organigramm der CiP

Entsprechend gibt es auch drei SFM-Besprechungen: um 8:00 Uhr jeweils in den Bereichen und um 8:30 Uhr auf Produktionsleitungsebene.

In diesem Umfeld betrachten wir ein Beispiel für die Problemlösung im SFM: Heute hat eine Mitarbeitende in der Montage etwas Ungewöhnliches entdeckt: Die Unterseite eines Zylinderbodens ist nicht so glatt wie sonst, sondern weist Riefen auf (Bild 3.19).

Bild 3.19 Vorder- und Rückseite des defekten Pneumatikzylinderbodens

Sie bringt das Teil mit zur Shopfloor-Besprechung.

3.8.2 Shopfloor-Besprechung Montage

Die Besprechung beginnt pünktlich um 8:00 Uhr. Es werden die Anwesenheiten, News, Performance des letzten Tages und laufende Maßnahmen anhand des Shopfloor-Boards durchgesprochen. Beim Thema Qualität spricht die Mitarbeitende ihr defektes Teil an:

Mitarbeitende

„Hier ist mir noch etwas aufgefallen heute. Dieses Teil hat nicht die übliche glatte Oberfläche, sondern hat diese Riefen. Bestimmt ist das Fräswerkzeug abgebrochen."

Montageleitung

„Vielen Dank für den Hinweis. Ob es wirklich daran liegt, wissen wir jetzt noch nicht. Kannst du bitte erst mal den Fehler genau beschreiben? Wann, wo genau und wie häufig hast du den Fehler beobachtet?"

Mitarbeitende

„Gerne, es war heute um 10:00 Uhr an einem Boden von den Standardvarianten, die ganze Unterseite ist gleichmäßig betroffen. Ich habe es an meinem Arbeitsplatz in der Montage direkt gesehen. Es war nur dieses eine Teil."

Montageleitung

„Und wie sollten wir damit umgehen?"

Mitarbeitende

„Erst mal sollten wir alle Teile durchschauen. So ein Fehler stört sehr den Ablauf in der Montage und wir sollten vermeiden, dass so ein Teil ausgeliefert wird."

Montageleitung

„Alles klar, damit werden unsere Kunden erst mal nicht betroffen sein. Wir machen also eine 100%-Prüfung. Ist das denn schon öfter vorgekommen?“

Mitarbeitende

„Ich hatte das vor ein paar Wochen schon mal und auch die anderen haben berichtet, dass immer mal wieder so ein Teil auftaucht.“

Montageleitung

„Danke, dann sollten wir das jetzt nachhaltig abstellen. Ich nehme es mit zur Produktionsleitung, kannst du mir bitte das Teil mitgeben?“

Die Teamleitung hat hier richtig auf die Fehlermeldung reagiert. Sie hat dafür gesorgt, dass nicht vorschnell auf eine Ursache geschlossen, sondern eine vollständige Abweichungsbeschreibung abgegeben wird, und hat das Thema priorisiert. Dabei wurde die Kollegin durch Fragen anstatt durch Vorgaben geführt. So wurde Wertschätzung gezeigt und das Problem kann systematisch gelöst werden.

Parallel zum Gespräch wurde die Maßnahme auf dem Board und die Abweichung auf einer Problemkarte notiert. Mit der Karte wird das Problem in der Produktionsleitungsrunde besprochen.

3.8.3 Shopfloor-Besprechung Produktionsleitung

30 Minuten später trifft sich die Produktionsleitungsrunde. Nach der Besprechung der Kennzahlen spricht die Montageleitung das defekte Teil an.

Montageleitung

„Ich habe hier ein defektes Teil und eine Beschreibung mitgebracht. Diese Art von Fehler ist schon häufiger aufgetreten. Was können wir tun, damit das nicht wieder vorkommt?“

Produktionsleitung

„So ein Teil darf die Fertigung tatsächlich nicht verlassen. Wissen wir, wie so etwas entsteht?“

Arbeitsvorbereitung

„Die Rückseite ist nicht bearbeitet, da ist bestimmt das Werkzeug abgebrochen.“

Fertigungsleitung

„Nein, das glaube ich nicht. Das muss ein Programmfehler sein.“

Qualität

„Dann wären es doch mehr Teile gewesen, bestimmt war die z-Achse nicht richtig eingestellt.“

Arbeitsvorbereitung

„Ich bleibe dabei: Werkzeugbruch ist die wahrscheinlichste Ursache."

Produktionsleitung

„So kommen wir nicht weiter. Bitte nimm das Thema mit und mache mit deinem Team eine systematische Problemlösung."

Zunächst ist in diesem Austausch die positive Fehlerkultur hervorzuheben. Das Team sucht bereits nach einer Ursache im Prozess, ohne persönliche Anschuldigungen zu machen oder eine Qualitätsstufe einzuführen, die defekte Teile nur aussortiert. Das Gespräch droht jedoch von der Sachlichkeit abzudriften, da nur verschiedene Meinungen zu möglichen Ursachen ausgetauscht werden. Die Moderation greift hier rechtzeitig ein und startet einen systematischen Problemlösungsprozess. ▪

Die Teamleitung der Fertigung macht daraufhin einen Termin mit dem Fräser der Schicht, in der der Fehler entstanden ist, um die Ursache faktenbasiert an der Maschine zu finden.

3.8.4 Problemlösung vor Ort

Die Fertigungsleitung trifft sich später am Tag mit dem Fräser vor Ort.

Fertigungsleitung

„Guten Morgen, danke für deine Zeit. Wir sind hier nicht weitergekommen. Siehst du diesen Zylinderboden? So können wir diesen natürlich nicht montieren. Ich habe uns die bisherigen Ideen zusammengefasst (Bild 3.20). Wir haben die Fräsmaschine im Verdacht, hast du noch andere Ideen?"

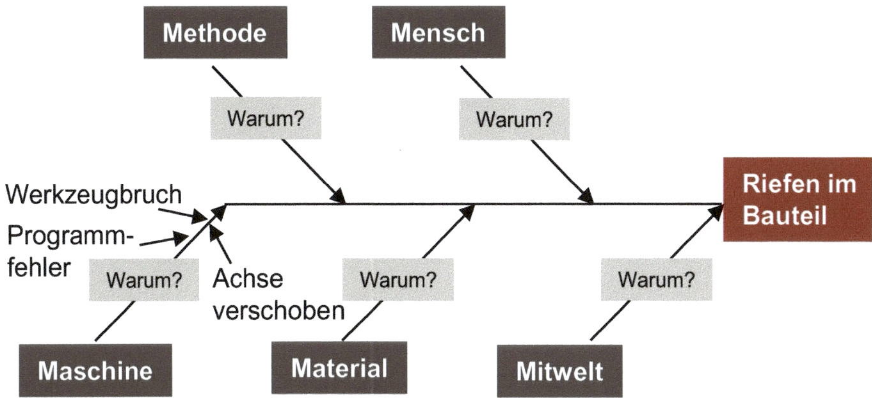

Bild 3.20 Ishikawa-Diagramm zur Ursachenanalyse

Fräser

„Hast du nicht gesagt, es war nur ein Teil? Maschinenthemen hätten an mehreren Teilen passieren müssen. Wenn nicht noch mehr auftauchen, dann können wir das eigentlich ausschließen."

Fertigungsleitung

„Okay, dann lass uns noch weitere Themen sammeln" (Ergebnis in Bild 3.21).

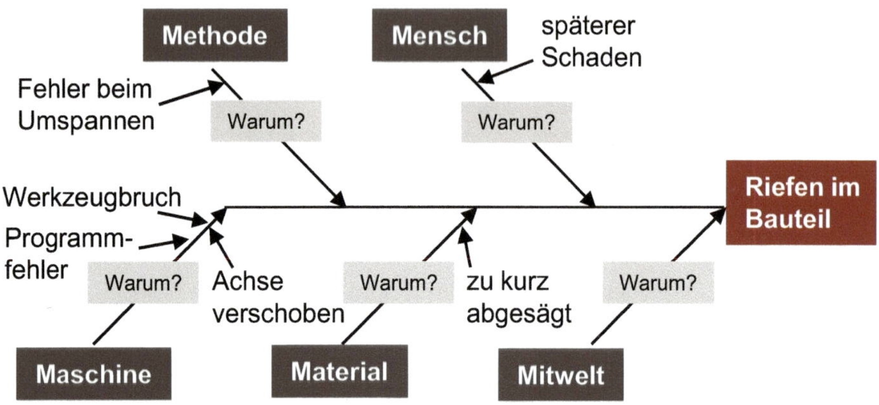

Bild 3.21 Ishikawa-Diagramm zur Ursachenanalyse (erweitert)

Fräser

„Für einen späteren Schaden ist das Teil zu sehr beschädigt und auch für einen Umspannfehler hätte man sehr viel Kraft aufwenden müssen. Ich denke, es ist am wahrscheinlichsten, dass das Material zu kurz abgesägt wurde."

Fertigungsleitung

„Das können wir direkt testen – tatsächlich, das Teil ist ein Zehntel zu dünn."

Fräser

„Dann greift der Fräskopf nicht mehr und die Riefen des Sägeprozesses bleiben."

Fertigungsleitung

„Gut, dann hole ich den Kollegen von der Säge dazu und wir schauen, wie es dazu kommen kann. – Guten Morgen, wir glauben, dass dieses Teil zu kurz abgesägt wurde, und fragen uns, wie es dazu kommen kann."

Sägebediener

„Der Vorschub ist automatisch, diesen muss jemand falsch eingestellt haben."

Fertigungsleitung

„Hätten dann nicht mehrere Teile betroffen sein müssen? Warum wurde genau ein zu kurzes Stück weitergegeben? Warte, ich schreibe direkt mit" (Ergebnis in Bild 3.22).

Warum wurde ein zu kurzes Stück weitergegeben?

Der Vorschub ist automatisch und das Endstück ist viel größer, da es eingespannt wird. Es kann also nur der Anschnitt sein, der zu kurz gesägt wurde.

Warum wurde der Anschnitt weitergegeben?

Normalerweise fällt es auf, da er viel kürzer ist. Dann sortieren wir den direkt wieder aus.

Warum war der Anschnitt ähnlich lang?

Wir legen die Stange immer gleich von hinten ein, da haben wir uns einen kleinen Anschlag gemacht.

Wieso reicht der Anschlag nicht aus, um die Prozesssicherheit herzustellen?

Die Stangen sind als Rohmaterial nur sehr grob toleriert. Eine längere Stange führt dann zu einem größerem Anschnitt, der mit bloßem Auge nicht von den Gutteilen zu unterscheiden ist.

Bild 3.22 Ergebnis der 5-x-Warum-Analyse

Fertigungsleitung

„Damit haben wir unsere Grundursache: Die Methode, das Material am Anschlag auszurichten, ist nicht prozesssicher, da die Stangen unterschiedliche Längen haben. Wie sollen wir das in Zukunft vermeiden?“

Sägebediener

„Wir könnten eine manuelle 100%-Messung der Teile einführen.“

Fräser

„Vielleicht wäre eine automatische Prozesskontrolle der Fertigteile über das Gewicht einfacher.“

Sägebediener

„Am einfachsten wäre es, den Anschlag nach vorne zu versetzen, dann kann es eigentlich nicht mehr passieren.“

Fertigungsleitung

„Aus Kostengründen würde ich mich erst mal für den Anschlag vorne an der Maschine entscheiden und dann sehen wir, ob das ausreicht.“

Das Team hat gemeinsam verschiedene Ursachen identifiziert und diskutiert. Die wahrscheinlichste wurde ausgewählt und bis zur Grundursache verfolgt. Die Teamleitung hat auch hier geschickte Fragen gestellt, um eine Ursache im Prozess zu identifizieren. An jedem Punkt der 5-x-Warum-Analyse hätte die Führungskraft entscheiden können, dass die Beschäftigten besser unterwiesen werden oder „besser aufpassen“ sollen - stattdessen wurde ein neuer besserer Prozess entwickelt. ■

Die Plan-Phase ist damit abgeschlossen. Nun können die Maßnahmen in der Besprechungskaskade an die Instandhaltung und die Teamleitungen verteilt werden. Für die nachhaltige Lösung wird anschließend nicht nur die Do-Maßnahme, sondern auch das Check und Act nachgehalten:

Do	Vorderen Anschlag entwerfen und Anwendbarkeit mit Team testen.
Check	Testen der Prozesssicherheit des vorderen Anschlages. Beobachten, ob das Problem wieder auftritt.
Act	Prüfen, ob es ähnliche Prozesse im Unternehmen gibt. In Prozessdesignrichtlinien aufnehmen.

Die Maßnahmen werden in den nächsten Wochen auf den Teamaktionsplänen der beteiligten Teams nachverfolgt, bis sichergestellt ist, dass sich ein solcher Fehler weder an dieser Maschine noch an anderen Zuschnitten im Unternehmen wiederholt.

3.9 Zusammenfassung: Merkmale von erfolgreichem SFM

Damit SFM sein Ziel, Verbesserung der operativen Prozesse durch Entwicklung und Kanalisierung der Problemlösungsfähigkeit des Einzelnen und der Organisation, erreicht, müssen viele Methoden und Menschen auf verschiedenen Hierarchieebenen konstruktiv zusammenarbeiten. Dieses Kapitel fasst anhand der Haltung von verschiedenen Funktionen im Unternehmen die Merkmale eines erfolgreichen SFM zusammen.

Das Team, die Teamleitung, Führung und das Management haben verschiedene Aufgaben in der Erreichung der operativen Ziele. Wenn alle Hierarchieebenen SFM als Hilfsmittel für sich ansehen und nutzen, wird es den gewünschten Erfolg bringen – aber nicht immer ist das der Fall. Wird SFM nicht richtig eingeführt und gelebt, kann auch eine destruktive Haltung auf einzelnen Hierarchieebenen vorherrschen (Bild 3.23).

Bild 3.23 Destruktive und konstruktive Einstellung zum SFM

Wenn Kennzahlen primär zur Kontrolle verwendet und Verbesserungen nicht umgesetzt werden, lehnen die Teams das SFM als Überwachungsinstrument ab. Und auch die Teamleitung sieht dann im SFM vor allem zusätzlichen Aufwand. Dies wird oft durch ein falsches Fehlerverständnis in Führung und Management ausgelöst. Werden jedoch Probleme gelöst und Verbesserungen umgesetzt, die sich positiv auf die Kennzahlen auswirken, beteiligen sich die Teams und die Teamleitung. Die Führung unterstützt dabei die Verbesserungsaktivitäten und das Management sieht den lohnenden Einsatz der Kapazität.

SFM ist also vor allem dann erfolgreich, wenn Maßnahmen umgesetzt werden. Nicht nur für die operativen Ziele hat dies den größten Einfluss, auch die Beschäftigten sehen darin die größte Motivation, denn Engagement im Team wird nicht maßgeblich durch finanzielle Anreize oder „Zwang“ erreicht – das zeitnahe und verbindliche Umsetzen von Maßnahmen hat den größten Einfluss auf die Partizipation am KVP [19].

Bei einem Hersteller von Maschinenteilen sollte dSFM eingeführt werden. Der Betriebsrat hat von seinem Mitspracherecht Gebrauch gemacht und stand dem Projekt zunächst skeptisch gegenüber. Die Frage war: „Was haben die Beschäftigten davon?“ Es stellte sich heraus, dass die Shopfloor-Meetings erst ab der Meisterebene begannen und die Teammitglieder einzeln im Vorhinein angesprochen wurden. Dies führte dazu, dass Rückmeldungen zu genannten Problemen oder Vorschlägen nicht bei den Beschäftigten ankamen. So wurde durch die Beschäftigten die Anforderung an das dSFM-System gestellt, dass der Bearbeitungsstand von Maßnahmen durch die Beteiligten einsehbar ist. Dieses Feature führte zu einer Unterstützung des dSFM durch die Beschäftigten und auch später zu einer höheren Zufriedenheit mit dem Abweichungsmanagement. ■

Mit diesen Zusammenhängen lässt sich der Zustand eines SFM-Systems schnell auch nur anhand von Gesprächen mit einzelnen Personen erfassen. Eine Vorlage für eine detaillierte Analyse eines SFM wird in Abschnitt 5.2.1 vorgestellt.

■ 3.10 Schwächen des analogen Shopfloor Managements

Wenn SFM so ein Erfolgsmotor ist, wieso wird es dann nicht überall erfolgreich eingesetzt und warum sollte es noch digitalisiert werden? Analoges SFM hat auch eine Reihe von Schwächen, die immer wieder dazu führen, dass sich die destruktiven Haltungen zum SFM verbreiten. ■

Die Schwächen des analogen SFM sind die aufwendige Datensammlung und -verteilung, die damit einhergehende inkonsistente Datenhaltung in verschiedenen Systemen und/oder Ebenen, eine lückenhafte Dokumentation von Entscheidungen und Maßnahmen, das personenabhängige Methodenverständnis und das Fehlen einer Historisierung von Kennzahlen- und Abweichungsdaten.

Aufwendige Datensammlung und -verteilung

Die notwendige Transparenz herzustellen, erfordert einiges an Aufwand. Bereits das Erfassen und Verteilen von täglichen Kennzahlen ist aufwendig und eine Erfassung auf Schicht- oder sogar Stundenebene kaum machbar. Der Aufwand liegt besonders bei den Teamleitungen, die einen zu großen Aufwand ablehnen.

Insbesondere wenn die notwendigen Daten bereits in IT-Systemen gepflegt sind, ist es schwierig, den Führungskräften den Mehrwert der zusätzlichen manuellen Pflege zu erklären.

Inkonsistente Daten in verschiedenen Systemen und/oder Ebenen

Oft wird auf den Whiteboards ein Parallelsystem zu den „echten“ Daten in den IT-Systemen aufgebaut: „Das MDE hat fünf Fehler gemeldet, aber die sind uns falsch zugeordnet. Eigentlich war es nur einer.“ Oder es werden verschiedene Wahrheiten für unterschiedliche Ebenen genannt: „Dem Team gegenüber zeige ich fünf Fehler, damit sie aktiv werden, aber meiner Führungskraft zeige ich nur einen, um besser dazustehen.“ Diese Möglichkeiten der Whiteboards stehen dem Transparenzgrundsatz für die Priorisierung von Maßnahmen und Problemen entgegen.

Lückenhafte Dokumentation von Entscheidungen und Maßnahmen

Die Ergebnisse der Besprechungen werden nicht zentral und einsehbar dokumentiert. Oft werden eigene Maßnahmen mitgenommen oder Problemkarten ausgetauscht, es bleibt aber leicht, Maßnahmen und Probleme zu verschleppen – und das führt langfristig zu einer Ablehnung des SFM auf allen Ebenen.

Personenabhängiges Methodenverständnis

Der Erfolg des SFM hängt von der Moderation ab. Das Verständnis und die Akzeptanz des Führungsstils sind dabei in der Regel sehr unterschiedlich. Je größer die Organisation, desto schwieriger ist es, aus einer zentralen Rolle das Führungsverständnis aufzubauen und zu sehen, wo weiterer Schulungsbedarf herrscht. Das SFM wird so auch in derselben Organisation in verschiedenen Teams und Hierarchieebenen sehr unterschiedlich wahrgenommen und gelebt.

Keine Historisierung von Kennzahlen- und Abweichungsdaten

Die Boards werden meist am Ende der Woche oder spätestens am Ende des Monats gelöscht – die Historie der Kennzahlen, aber auch der Maßnahmen und Probleme geht dabei verloren. Es besteht keine Möglichkeit, systematisch aus der Vergangenheit zu lernen.

Digitales SFM soll diese Schwächen adressieren, hat aber wiederum eigene Schwächen, Chancen und Risiken. Die Effekte unterschiedlicher dSFM-Varianten werden in Kapitel 4 erläutert.

4 Digitales Shopfloor Management

Am SFM sind zahlreiche Personen, Methoden und Tools beteiligt, und nur im richtigen Zusammenspiel führt es zu nachhaltigen Verbesserungen. Mithilfe der Digitalisierung können viele der Methodenschritte vereinfacht werden, aber sie verändert auch das gesamte System. Oft gibt es daher kritische Stimmen, die vor einer Digitalisierung des SFM warnen. Dieses Kapitel gibt eine Übersicht über die Stärken, Schwächen, Chancen und Risiken von dSFM im Allgemeinen und wie verschiedene Varianten von dSFM diese unterschiedlich adressieren. Zum Abschluss werden die SFM-Routinen im digitalen Shopfloor Management veranschaulicht.

4.1 Stärken, Schwächen, Chancen und Risiken von digitalem Shopfloor Management

Im Rahmen dieses Buches wird Digitalisierung als Befähiger verstanden und bildet die Grundlage zur Erzeugung, Analyse und Verwendung von Daten für neue oder verbesserte Prozesse, Produkte und Geschäftsmodelle. Ob dies nun gut oder schlecht für das SFM ist, hängt davon ab, wie die Daten und deren Analyse eingesetzt werden. Dieser Abschnitt zeigt die Auswirkungen von Digitalisierung auf den Shopfloor Management-Regelkreis und fasst sie in einer SWOT-Analyse zusammen.

Mit Digitalisierung kann der größte Nachteil im analogen SFM, die aufwendige manuelle Datensammlung für den Soll-Ist-Vergleich, deutlich reduziert werden. Insbesondere wenn einige Daten bereits in digitalen Systemen vorliegen und für die Shopfloor-Besprechung ausgedruckt und ausgehängt werden müssen [24]. Der Soll-Ist-Vergleich wird oft nicht nur einfacher, sondern auch besser [25].

Anwendende von dSFM heben nicht nur die Zeitersparnis in der Kennzahlenaufbereitung hervor, sondern auch deren Verbesserung: Aktuelle, ungeschönte Zahlen, die von hohem Aggregationslevel bis auf Maschinenebene nachvollzogen werden können, lenken die Aufmerksamkeit und Entscheidungsfindung besser. Die „Diskussion auf viel höherem Niveau" verbessert die Problemidentifikation und -lösung.

Auch auf die Moderation der Shopfloor-Besprechung hat die Digitalisierung große Auswirkungen. Für die Moderation können die Besprechungsdauer und Inhalte systemseitig vorgegeben werden, genauso wie das Erstellen von Abweichungen aus „roten" Kennzahlen. Ein digitales System kann leichter berechnete Kennzahlen erstellen, visualisieren und auch abseits vom Shopfloor von Führungskräften verwendet werden. Dies ermöglicht es Führungskräften aber auch, aus der Ferne zu überwachen, was zu einer Entfremdung oder Ablehnung der Beschäftigten führen kann.

Dieses Risiko wird insbesondere von den Vertretenden eines konservativen Lean-Verständnisses gesehen. Sie argumentieren, dass ein digitales System dem Grundverständnis von Lean entgegensteht, welches Führung vor Ort, Respekt, Teamarbeit und das Entwickeln ausgezeichneter Mitarbeitender in den Vordergrund stellt und nicht technische Systeme.

Während einer Forschungsreise in Japan wurden sieben Unternehmen, darunter auch Toyota, gefragt, ob sie durch Digitalisierung von Produktions- und Problemlösungsprozessen eine Gefahr für die Gemba-Mentalität sehen. Alle Gesprächspartner haben die Frage an sich nicht verstanden und sich diese auch noch nie gestellt. Eine Datengrundlage ermöglicht es, einfacher und genauer hinzusehen. Diese Chance wird von allen befragten Unternehmen selbstverständlich wahrgenommen.

Eine Software hat im Gegensatz zu einem Whiteboard eine eingeschränkte Adaptionsfähigkeit: Sie kann durch die Moderation nicht einfach an alle Bedürfnisse angepasst werden. Diese Eigenschaft wird allerdings aus der zentralen Perspektive eines standardisierten Vorgehens oft auch als positiv angesehen, da sich die Inhalte und Methoden des SFM besser standardisieren und überprüfen lassen.

Die Datengrundlage ermöglicht einfachere Exploration und bessere Interaktivität, sodass Analysen besser durchgeführt werden können.

Im digitalen Shopfloor Management wird die Nachverfolgung des PDCA-Zyklus über alle Ebenen hinweg deutlich vereinfacht. Das erarbeitete Wissen verbleibt im dSFM nicht nur auf dem Papier und in den Köpfen der beteiligten Personen, sondern es wird durchsuchbar und weiterverwendbar in einem Wissensspeicher dokumentiert. Dies ist insbesondere wichtig, um den Wissens- und Erfahrungsverlust zu bewältigen, der durch den Austritt der geburtenstarken Jahrgänge aus dem Arbeitsleben droht.

Für die systematische Problemlösung gibt es Assistenten, die das Methodenverständnis schulen, bei methodischen Vorgehensweisen anleiten und eine vollständige Bearbeitung von Problemen sicherstellen (z. B. durch die Pflicht, „Act“-Maßnahmen zu erstellen und durchzuführen) [26].

Die Kombination aus Datenverfügbarkeit, Problemlösungsassistenz sowie Maßnahmenverteilung und -nachverfolgung eröffnet den Weg zu einer schnelleren und nachhaltigeren Problemlösung. Diese Möglichkeiten werden auch bei Toyota explizit eingesetzt (Bild 4.1).

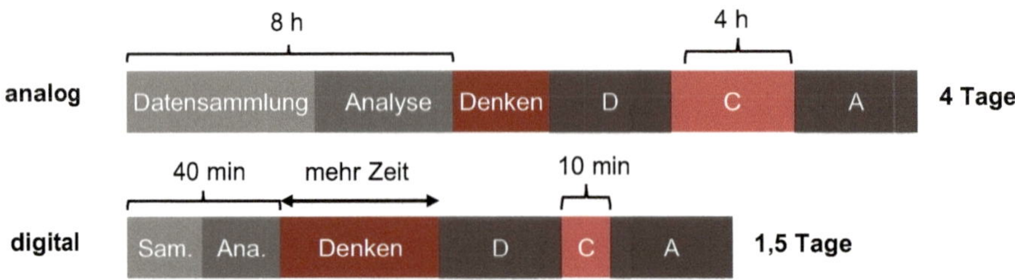

Bild 4.1 Beschleunigung des PDCA-Zyklus durch Datenverfügbarkeit (Beispiel Toyota)

Im analogen SFM werden Daten entweder manuell aufgenommen (z.B. durch einen Prozessbeobachter) oder aus verschiedenen IT-Systemen zusammengesucht und exportiert (z.B. aus einem ERP-System). Erst dann kann die Zeit der Mitarbeitenden für das kreative Problemlösen eingesetzt werden. Werden Maßnahmen umgesetzt, müssen zur Überprüfung der Wirksamkeit wiederum Daten manuell aufgenommen oder zusammengetragen werden, bevor die neue Lösung standardisiert werden kann. Mit digitaler Datenverfügbarkeit kann in der Datensammlung und -analyse sowie in der Wirksamkeitsprüfung deutlich Zeit eingespart werden, die dann an anderer Stelle wieder für die Lösungsfindung eingesetzt werden kann.

Zusätzlich sind noch zwei Eigenschaften des Digitalisierungsprozesses an sich zu berücksichtigen: die Kosten zur Einführung und Wartung und der Impuls durch das Einführungsprojekt, das SFM (wieder) zu beleben. Wenn mit dem digitalen Tool auch die Methodenkompetenz und die Problemlösungsfähigkeit verbessert werden, geht der Nutzen durch das dSFM weit über das Einsparen des Aufwands der Datenaufbereitung hinaus.

Zusammenfassend ergeben sich folgende Stärken, Schwächen, Chancen und Risiken bei der Digitalisierung des SFM (Bild 4.2).

Stärken	Schwächen
▪ Weniger Aufwand zur Aufbereitung, Visualisierung und Verbreitung von Performance-Daten ▪ Vereinfachte Eskalation und Nachverfolgbarkeit von Abweichungen und Maßnahmen über alle Ebenen hinweg	▪ Kosten und Implementierungsaufwand ▪ Eingeschränkte Adaptionsfähigkeit

Chancen	Risiken
▪ Bessere Entscheidungsfähigkeit durch bessere Transparenz ▪ Methodische Unterstützung durch dSFM-System ▪ Automatisierte Hinweise zu Abweichungen ▪ Schnellere und nachhaltigere Problemlösung ▪ Aufbau einer nutzbaren Wissensdatenbank ▪ Entscheidungsunterstützung durch Datenanalyse ▪ Redesign des SFM	▪ Mangelnde Identifikation von Teammitgliedern mit dem dSFM ▪ Führungskraft unterstützt nicht vor Ort, sondern überwacht und optimiert ▪ Verfolgung von zu vielen oder zu komplizierten Kennzahlen ▪ Beschäftigte können mit dem System nicht umgehen

Bild 4.2 Stärken, Schwächen, Chancen und Risiken im dSFM (auf Basis von [27], [28] und [29])

■ 4.2 Konsequenzen der SWOT-Analyse für das digitale Shopfloor Management

Welche Schlüsse lassen sich aus der SWOT-Analyse ziehen? Ob Stärken des dSFM genutzt und Schwächen vermieden werden und ob die Chancen gegenüber den Risiken dominieren, hängt von der individuellen Umsetzung ab. Systemgestaltung und Einführung entscheiden darüber, welche Eigenschaften realisiert werden. Dieses Kapitel erläutert, wie mit den Ergebnissen der SWOT-Analyse umzugehen ist. ■

Die Systemauswahl und das Einführungsvorgehen sollten die Stärken im digitalen System verankern und neue Chancen nutzen. Dabei gilt es, die absehbaren Schwächen zu vermeiden und die Risiken möglichst zu reduzieren. Es gibt vier Strategien, die sich aus einer SWOT-Analyse ergeben, und das bewusste oder unbewusste Verfolgen dieser Strategien führt zu vier verschiedenen Varianten von dSFM-Systemen, die sich auch in der Praxis wiederfinden.

Abbau der Schwächen zur Vermeidung von Risiken

Risiken und Schwächen sollen vermieden werden. Entweder wird beim analogen SFM geblieben oder einfachste, kostenfreie digitale Whiteboard Tools werden eingesetzt. Es stellen sich keine inhaltlichen Verbesserungen ein.

Einsatz von Stärken zur Abwehr von Risiken

Die Risiken einer dSFM-Einführung ergeben sich vor allem aus einer falschen Fehlerkultur. Wenn nur ein digitales Maßnahmenmanagement eingeführt wird, werden die Risiken durch falsches Kennzahlenverständnis vermieden.

Abbau der Schwächen durch Nutzung von Chancen

Die wesentliche Schwäche sind die Kosten. Diese können jedoch durch das Einsparen von Arbeitszeit und der Prozessverbesserung durch bessere Problemlösung wieder aufgeholt werden.

Einsatz von Stärken zur Nutzung von Chancen

Wenn das Kennzahlen- und das Abweichungsmanagement kombiniert werden, kann das SFM methodisch am weitesten unterstützt werden und es ergibt sich eine vollständige Datenbasis für Assistenzfunktionen.

Es zeigen sich also zwei Teilbereiche von SFM, die auch einzeln digitalisiert werden können: die vereinfachte Abweichungserkennung durch Kennzahlen und die Strukturierung und Verfolgung des PDCA-Zyklus. Je nachdem, welcher Bereich durch eine Software unterstützt wird, ergeben sich vier typische Ausprägungen von digitalem Shopfloor Management (Bild 4.3).

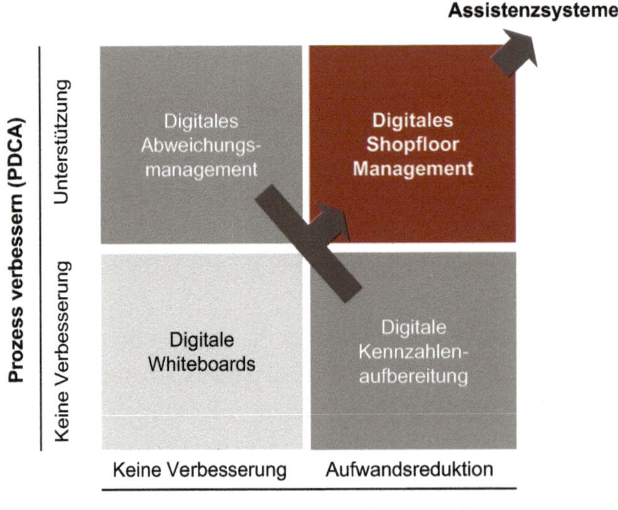

Bild 4.3 Varianten von dSFM-Systemen in der Praxis

4.3 Varianten von digitalen Shopfloor Management-Systemen

Im Folgenden werden die vier Varianten von digitalen Shopfloor Management-Systemen vorgestellt.

4.3.1 Variante 1: Digitale Whiteboards

Digitale Whiteboards sind interaktive Softwaretools, die dazu verwendet werden, Informationen, Zeichnungen und Texte darzustellen und zu bearbeiten, ähnlich wie auf einem herkömmlichen Whiteboard. Es können digitale Stifte, Finger oder andere Eingabegeräte verwendet werden, um Notizen zu schreiben, Zeichnungen anzufertigen, Texte zu tippen sowie Bilder und Videos einzubetten.

Als digitales Abbild eines Whiteboards mit besseren Kollaborationsmöglichkeiten liegt es nahe, auch die Shopfloor-Tafeln durch diese zu ersetzen (Bild 4.4).

Bild 4.4 dSFM mit einem digitalen Whiteboard

Das Entstehen dieser Art von dSFM wird häufig direkt durch die Führungskräfte angestoßen, da zur Umsetzung nur eine recht einfache Software, die meist schon zur Verfügung steht, und keine externe Unterstützung, z. B. durch die IT, benötigt wird. Insbesondere die Zunahme von Homeoffice-Regelungen begründete die Notwendigkeit, möglichst viele Personen remote am SFM teilnehmen zu lassen. Führungskräfte konnten sich mit digitalen Whiteboards behelfen, ohne Kosten oder große Projektaufwände zu verursachen.

Mit der Kollaborationsfähigkeit können Aufgaben zwar von überall eingesehen und so besser verteilt werden, die Whiteboard-Tools verfügen aber über kein Backend und keine interne Logik. Das führt dazu, dass Datenquellen nicht eingebunden werden können, keine historisierten Daten zur weiteren Nutzung entstehen und auch keine Business-Logiken oder Workflows unterstützt werden können.

Mit digitalen Whiteboards werden so zwar die Schwächen durch Kosten und mangelnde Adaptionsfähigkeit vermieden – aber es werden auch die Chancen zur Verbesserung des SFM verbaut, da keine strukturierten Daten entstehen oder methodische Unterstützung möglich ist. Auch wird in der Vorbereitung der Zahlen kaum Aufwand gespart, da die Zahlen weiterhin täglich kopiert werden müssen. Durch die vereinfachte Abwesenheit der Führungskräfte und Supportbereiche kann ein digitales Whiteboard trotzdem zu einer Entfremdung der Beschäftigten oder sogar Ablehnung des dSFM führen (Bild 4.5).

Stärken	Schwächen
▪ Weniger Aufwand zur Aufbereitung, Visualisierung und Verbreitung von Performance-Daten ▪ **Vereinfachte Eskalation** und Nachverfolgbarkeit **von Abweichungen und Maßnahmen über alle Ebenen hinweg**	▪ Kosten und Implementierungsaufwand ▪ Eingeschränkte Adaptionsfähigkeit
Chancen	**Risiken**
▪ Bessere Entscheidungsfähigkeit durch bessere Transparenz ▪ Methodische Unterstützung durch dSFM-System ▪ Schnellere und nachhaltigere Problemlösung ▪ Aufbau von nutzbarer Wissensdatenbank ▪ Automatisierte Hinweise auf Abweichungen ▪ Entscheidungsunterstützung durch Datenanalyse ▪ Redesign des SFM	▪ **Mangelnde Identifikation von Werkern mit dem SFM** ▪ **Führungskraft unterstützt nicht vor Ort, sondern überwacht und optimiert** ▪ Verfolgung von zu vielen oder zu komplizierten Kennzahlen ▪ Beschäftigte können mit dem System nicht umgehen

Bild 4.5 Realisierte Eigenschaften von digitalen Whiteboards als dSFM-Tool

dSFM durch digitale Whiteboards ist zwar kostengünstig und aufwandsarm, das SFM wird dadurch aber kaum verbessert. Es ermöglicht hauptsächlich eine Remoteteilnahme, die nicht im Sinne der Methode ist.

4.3.2 Variante 2: Digitales Abweichungsmanagement

Ein digitales Abweichungsmanagement für die Produktion ähnelt einem Ticketsystem. Es umfasst die Möglichkeit, Abweichungen (z.B. Fehler, Störungen, organisatorische Probleme) zu erfassen, anschließend innerhalb der Organisation weiterzuleiten und nachzuverfolgen (Bild 4.6).

Bild 4.6 Ticketsystem als dSFM (schematisch)

Für diese Art des dSFM werden in der Regel bestehende Systeme aus anderen Bereichen (insbesondere aus der IT) oder aus dem Funktionsspektrum von Microsoft Office verwendet. Das digitale Management von Maßnahmen und Problemen erhöht die Nachhaltigkeit in der Problemlösung. So wird ein hohes Engagement in der Belegschaft abgesichert.

Problematisch ist allerdings, dass diese Tools nicht für Gruppenbesprechungen und Performancereviews gemacht sind. Es fehlen Visualisierungsmöglichkeiten für Kennzahlen, die nur umständlich ergänzt werden können. Dadurch fehlen die

Kennzahlen als wesentliches Priorisierungsmerkmal für die Wirksamkeitskontrolle und für weitergehende Analysefunktionen.

Für die Verwendung der Software fallen durch die Ausweitung auf weitere Nutzende darüber hinaus in der Regel weitere Kosten an und Schulungen sind notwendig (Bild 4.7).

Stärken	Schwächen
▪ Weniger Aufwand zur Aufbereitung, Visualisierung und Verbreitung von Performance-Daten ▪ **Vereinfachte Eskalation und Nachverfolgbarkeit von Abweichungen und Maßnahmen über alle Ebenen hinweg**	▪ **Kosten und Implementierungsaufwand** ▪ **Eingeschränkte Adaptionsfähigkeit**
Chancen	**Risiken**
▪ Bessere Entscheidungsfähigkeit durch bessere Transparenz ▪ **Methodische Unterstützung durch dSFM-System** ▪ Schnellere und **nachhaltigere Problemlösung** ▪ **Aufbau von nutzbarer Wissensdatenbank** ▪ Automatisierte Hinweise auf Abweichungen ▪ Entscheidungsunterstützung durch Datenanalyse ▪ Redesign des SFM	▪ Mangelnde Identifikation von Werkern mit dem SFM ▪ Führungskraft unterstützt nicht vor Ort, sondern überwacht und optimiert ▪ Verfolgung von zu vielen oder zu komplizierten Kennzahlen ▪ **Beschäftigte können mit dem System nicht umgehen**

Bild 4.7 Realisierte Eigenschaften von digitalem Abweichungsmanagement

dSFM durch digitales Abweichungsmanagement unterstützt die Umsetzung von Prozessverbesserungen. Durch die mangelnden Einbindungsmöglichkeiten von Kennzahlen entfallen jedoch Vorteile durch Aufwandsersparnis, bessere Transparenz, Automatisierungen und Datenanalysen für die Entscheidungsfindung.

4.3.3 Variante 3: Kennzahlen-Dashboards

Die Kennzahlenvisualisierung zu digitalisieren hat sofortigen messbaren Nutzen, da die Führungskräfte entlastet werden. Zahlen, die bereits in digitalen Systemen geführt werden, auszudrucken und aufzuhängen ist der jüngeren Generation von Führungskräften oft auch gar nicht mehr zu vermitteln. Je nach Dashboarding-Tool, von denen es zahlreiche gibt, erhöht sich auch die Interaktivität mit den Zahlen: Es können Historien eingesehen, Echtzeitdaten verwendet oder es kann auf Detailinformationen zugegriffen werden (Bild 4.8).

Bild 4.8 dSFM durch Kennzahlen-Dashboard (schematisch)

Die Entscheidungsfähigkeit wird bei weniger Aufwand erhöht. Diesem Vorteil stehen jedoch die Risiken gegenüber, die mit einem falschen Fehlerverständnis im Zusammenhang mit erhöhter Transparenz einhergehen: Es können viele komplizierte und hochaggregierte Kennzahlen einfach aufgenommen und von überall überwacht werden, dies führt schnell zu einem Überwachungsgefühl der Beschäftigten. Der Zweck von Kennzahlen, Abweichungen zu erkennen, zu priorisieren und gemeinsam an Lösungen zu arbeiten, geht schnell verloren, wenn das Abweichungsmanagement nicht mit den Kennzahlen verbunden ist. Ob Maßnahmen ergriffen werden und wie sich die Problemlösung auf die Kennzahlen auswirkt, ist nicht erkennbar und wird auch nicht methodisch gefördert (Bild 4.9).

Stärken	Schwächen
▪ **Weniger Aufwand zur Aufbereitung, Visualisierung und Verbreitung von Performance-Daten** ▪ Vereinfachte Eskalation und Nachverfolgbarkeit von Abweichungen und Maßnahmen über alle Ebenen hinweg	▪ **Kosten und Implementierungsaufwand** ▪ **Eingeschränkte Adaptionsfähigkeit**

Chancen	Risiken
▪ **Bessere Entscheidungsfähigkeit durch bessere Transparenz** ▪ Methodische Unterstützung durch dSFM-System ▪ Schnellere und nachhaltigere Problemlösung ▪ Aufbau von nutzbarer Wissensdatenbank ▪ **Automatisierte Hinweise auf Abweichungen** ▪ **Entscheidungsunterstützung durch Datenanalyse** ▪ Redesign des SFM	▪ **Mangelnde Identifikation von Werkern mit dem SFM** ▪ **Führungskraft unterstützt nicht vor Ort, sondern überwacht und optimiert** ▪ **Verfolgung von zu vielen oder zu komplizierten Kennzahlen** ▪ **Beschäftigte können mit dem System nicht umgehen**

Bild 4.9 Realisierte Eigenschaften von Kennzahlen-Dashboards

Kennzahlen-Dashboards fördern nicht die Problemlösung selbst. Wenn die Organisation nicht bereits methodisch gut entwickelt ist, fördern sie dagegen eher ein falsches Fehlerverständnis und ein Reportingverhalten. Der reduzierte Aufwand sollte daher mit Vorsicht genossen und die Reife des Unternehmens in der Problemlösung vorher geprüft werden (vgl. Abschnitt 5.2).

4.3.4 Variante 4: Digitales Shopfloor Management

dSFM-Software, die aus einem methodischen Verständnis für SFM heraus entstanden ist, hilft, Abweichungen aufwandsarm zu erkennen und systematisch Verbesserungen zu verankern (Bild 4.10).

Bild 4.10 Digitales SFM im Einsatz

Sie beinhaltet nicht nur Kennzahlen-Dashboards zur Meetingdurchführung, sondern lässt auch die Erfassung von Abweichungen zu und verbindet die Bearbeitung mit einem integrierten Abweichungsmanagement. Mit einer unterstützten systematischen Problemlösung sorgt sie für ein nachhaltiges Abstellen von Abweichungsursachen und für den Aufbau einer Wissensdatenbank. Es werden so nicht nur alle Abschnitte des SFM-Regelkreises unterstützt, sondern insbesondere auch die Übergänge zwischen diesen.

Die Expertise der Anbieter kann darüber hinaus für die Verbesserung der SFM-Kultur, aber auch für die Entwicklung von Assistenzfunktionen genutzt werden. Die Problemlösungsfähigkeit der Organisation wird ausgebaut. Dies geht mit höheren Kosten und auch allen Risiken von dSFM einher (Bild 4.11).

Die Kosten werden durch die Verbesserung der Problemlösungsfähigkeit gerechtfertigt (Vorlage zur Amortisationsrechnung in Abschnitt 5.3.2) und die Risiken müssen im Einführungsprozess abgefangen werden.

Stärken	Schwächen
▪ Weniger Aufwand zur Aufbereitung, Visualisierung und Verbreitung von Performance-Daten ▪ Vereinfachte Eskalation und Nachverfolgbarkeit von Abweichungen und Maßnahmen über alle Ebenen hinweg	▪ Kosten und Implementierungsaufwand ▪ Eingeschränkte Adaptionsfähigkeit
Chancen	**Risiken**
▪ Bessere Entscheidungsfähigkeit durch bessere Transparenz ▪ Methodische Unterstützung durch dSFM-System ▪ Schnellere und nachhaltigere Problemlösung ▪ Aufbau von nutzbarer Wissensdatenbank ▪ Automatisierte Hinweise auf Abweichungen ▪ Entscheidungsunterstützung durch Datenanalyse ▪ Redesign des SFM	▪ Mangelnde Identifikation von Werkern mit dem SFM ▪ Führungskraft unterstützt nicht vor Ort, sondern überwacht und optimiert ▪ Verfolgung von zu vielen oder zu komplizierten Kennzahlen ▪ Beschäftigte können mit dem System nicht umgehen

Bild 4.11 Realisierte Eigenschaften von dSFM-Software

■ 4.4 Arbeiten im digitalen SFM

Nachfolgend wird zusammenfassend geschildert, wie sich der Arbeitsalltag mit einer digitalen Shopfloor Management-Software gestaltet.

4.4.1 Vorbereitung des digitalen Shopfloor-Meetings

Für die Vorbereitung des Meetings wird das Prozess-Ist bzw. Abweichungen davon aufgenommen. Das Zusammentragen von Kennzahlen aus verschiedenen Quellen ist dafür kaum noch notwendig – sie werden bereits automatisch übernommen. Kennzahlen, für die es kein Quellsystem gibt, werden von den Verantwortlichen zentral gepflegt und sind direkt für alle Ebenen und Berechnungen nutzbar (Bild 4.12).

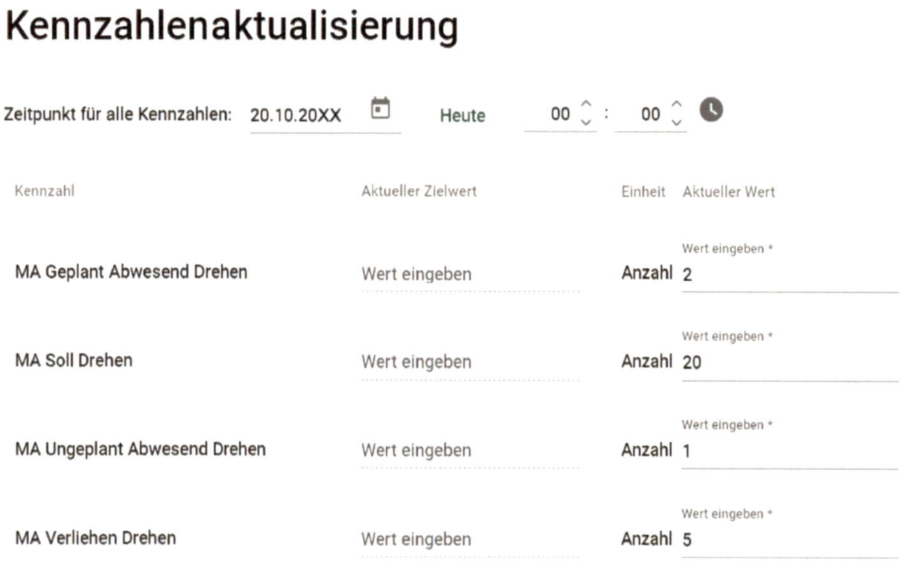

Kennzahlenaktualisierung

Zeitpunkt für alle Kennzahlen: 20.10.20XX Heute 00 : 00

Kennzahl	Aktueller Zielwert	Einheit	Aktueller Wert
MA Geplant Abwesend Drehen	Wert eingeben	Anzahl	Wert eingeben * 2
MA Soll Drehen	Wert eingeben	Anzahl	Wert eingeben * 20
MA Ungeplant Abwesend Drehen	Wert eingeben	Anzahl	Wert eingeben * 1
MA Verliehen Drehen	Wert eingeben	Anzahl	Wert eingeben * 5

Bild 4.12 Zentrale Kennzahlenaktualisierung

Die eingesparte Zeit kann für einen Gemba Walk bzw. ein Kurzaudit verwendet werden. Anhand einer kurzen Checkliste werden einzelne Vorgaben überprüft und Abweichungen direkt mit Fotos den verschiedenen Teams zugeordnet (Bild 4.13).

5S-Audit

Nr.	Checklistenpunkt	Bewertung	
1	Alle Gegenstände sind gekennzeichnet und befinden sich an der richtigen gekennzeichneten Stelle.	Ja	Nein
2	Es befinden sich keine unnötigen bzw. überflüssigen Maschinen oder Gerätschaften im Bürobereich, die Geräte am Arbeitsplatz werden regelmäßig genutzt.	Ja	Nein
3	Es liegen keine Unterlagen (vertraulich, Kundendaten etc.) für jedermann zugänglich an den Arbeitsplätzen.	Ja	Nein

Bild 4.13 Audits durchführen

Darüber hinaus haben die Beschäftigten jederzeit die Möglichkeit, Abweichungen direkt im System zu melden.

4.4.2 Durchführen des digitalen Shopfloor-Meetings

Mit dieser Vorbereitung kann die Besprechungskaskade beginnen. Das Team kommt dazu pünktlich zusammen – Anwesenheit und der pünktliche Start des Meetings werden dabei erfasst – und die Besprechung wird anhand der Agenda durchgeführt.

Das Kennzahlen-Dashboard ist durch automatische Einfärbungen und Hinweise so gestaltet, dass direkt ersichtlich wird, wo gehandelt werden muss. Dazu können einfache statische Ziel- und Grenzwerte, aber auch längerfristige Trends, wie z. B. größere Unterschreitung eines langfristigen Mittels, dienen. Das System fordert auf dieser Grundlage zum Beschreiben von Abweichungen auf (Bild 4.14).

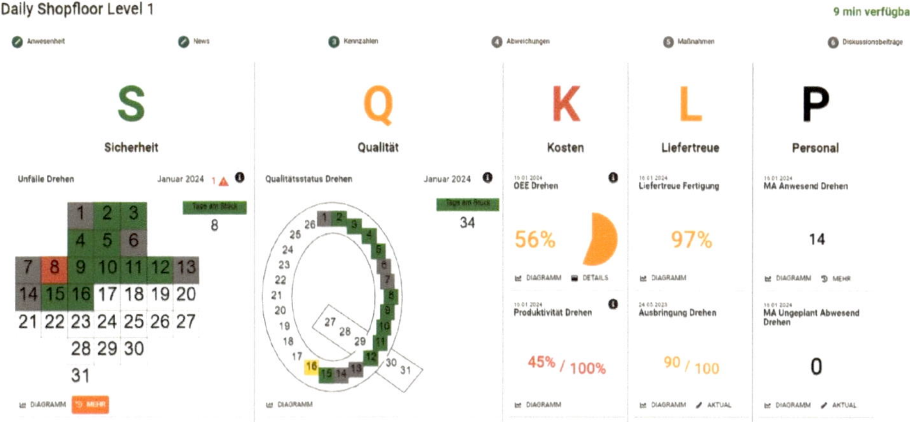

Bild 4.14 Kennzahlenbesprechung im dSFM

Die in den Kennzahlen erkannten und die vorbereiteten Abweichungen werden nun abgearbeitet: Werden Maßnahmen ergriffen? Wenn ja, welche? Kann eine Ursache benannt werden oder wird ein Problemlösungsprozess gestartet (Bild 4.15)?

Abweichungen

Kennzahl	Erstellt/ Aufgetreten	Störungskategorie	Status
Projektfortschritt Projekt 95	11.12.20XX 00:00:00	Material fehlt	Neu
Unfälle Drehen	11.11.20XX 00:00:00	Sonstiges	Neu
Material fehlt	01.11 20XX 11:38:07	Material fehlt	Neu
[Rohstoffe] Wird Ausschuss nach unterschiedlichen Arten getrennt und gesammelt?	26.10.20XX 15:56:19	Falsches Material	Neu
Unfälle Fräsen	11.10.20XX 00:00:00	Sonstiges	Neu

Bild 4.15 Abweichungen bearbeiten

Bei der Priorisierung der Abweichungen helfen die Daten: Welche Abweichungen sind besonders häufig oder besonders schwerwiegend. Pareto-Analysen sind dafür der Mindeststandard, und durch weitergehende Datenanalysen können Empfehlungen gegeben werden (vgl. Kapitel 7).

Anschließend werden die noch offenen Maßnahmen und Probleme besprochen: Konnten diese wie vereinbart erledigt werden oder sind Schwierigkeiten aufgetreten? Ist eine Eskalation notwendig (Bild 4.16)?

Bild 4.16 Maßnahmen nachverfolgen

Dabei sind einige Eskalationsregeln, z. B. das Verletzen von Fristen, im System hinterlegt und werden automatisch ausgelöst.

4.4.3 Nachbereitung der Besprechung: Systematische Problemlösung

Die benannten Verantwortlichen für ein Problem treffen sich im Nachgang des Termins zu dessen Lösung. Der Problemlösungsprozess wird dabei methodisch und inhaltlich unterstützt. Mit Vorlagen wird bei der Abweichungsbeschreibung und Ursachenanalyse geholfen und es werden die Daten bereits gelöster Probleme und die Historie von Kennzahlen zur Ursachenanalyse genutzt (Bild 4.17).

Warum wurde die Dichtung falsch eingesetzt?

Einsetzen der Dichtung schwierig. Es erfordert Übung und Geschick.

Warum ist das Einsetzen schwierig?

Es gibt kein Werkzeug zum prozesssicheren Einsetzen.

Bild 4.17 Auszug aus der digitalen, systematischen Problemlösung (5-x-Warum)

4.4.4 Nachbereitung der Besprechung: Umsetzung der Maßnahmen

Im dSFM werden für die gemeinsam vereinbarten Maßnahmen klare Verantwortlichkeiten vergeben und Termine vereinbart. Die Maßnahmen gehen auch bei mehrmaliger Eskalation und Verteilung nicht verloren, sondern sind immer nachvollziehbar. Die Effektivität des Maßnahmenmanagements ist dabei transparent, indem analysiert wird, wie viele Abweichungen, Maßnahmen und Probleme sich in welchem Status befinden, wie groß der Backlog und wie hoch die durchschnittliche Bearbeitungszeit ist (Bild 4.18).

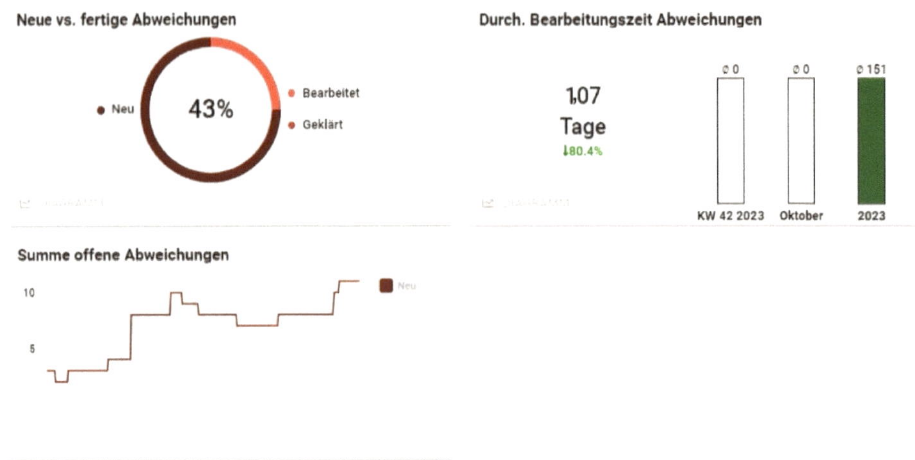

Bild 4.18 Analyse des Abweichungsmanagements

Der hohe Aufwand zur Erzeugung der Transparenz und Verteilung von Maßnahmen wird so vermieden und das System unterstützt bei der richtigen Anwendung der SFM-Methode.

Um diese vereinfachten und effektiven Routinen im dSFM zu erreichen, muss es zunächst eingeführt werden.

5 Einführung von digitalem Shopfloor Management

SFM ist in vielen Unternehmen der wichtigste systematische Führungsansatz in den wertschöpfenden Bereichen. Es bietet den Rahmen für einen strukturierten Leistungsdialog der Führungskräfte mit ihren Teams. Darüber hinaus treibt es das Schwungrad für den reaktiven KVP und trägt zur Kompetenzentwicklung der Mitarbeitenden bei. Eine Software, die das SFM in allen Phasen des Regelkreises unterstützt und sogar gänzlich neue Möglichkeiten schafft, kann nach dessen Einführung zum wichtigsten Instrument für die operative Führung werden. Eine erfolgreiche Gestaltung und Einführung unter Berücksichtigung der erläuterten Stärken, Schwächen und Chancen, aber auch der Risiken ist daher essenziell. Die folgende Anleitung zeigt Good Practices in allen dafür notwendigen Schritten und unterstützt durch Vorlagen bei der Einführung einer dSFM-Software.

Für die Einführung eines dSFM müssen zum einen die technischen Systeme geplant und eingerichtet werden. Um mit dem dSFM-System jedoch auch die Zielerreichung innerhalb des SFM zu verbessern, sollte zum anderen auch die Methodenkompetenz der Mitarbeitenden überprüft und weiterentwickelt werden. Nur mit dem richtigen Zusammenspiel aus kompetenten Mitarbeitenden und der richtigen Software verbessert sich die Problemlösungsfähigkeit der Organisation. Um dies zu erreichen, sollte die Einführung fünf Phasen durchlaufen, die jeweils mit einem Meilenstein abschließen, an dem Fortschritt und Erfolg einer jeweiligen Phase überprüft werden (Bild 5.1):

- **Vorbereitung:** In der Vorbereitungsphase werden die Stakeholder identifiziert und für das Projekt vorbereitet sowie die Projektziele festgelegt. Ausgehend von identifizierten Schwachstellen des „analogen“ SFM begründen erste Nutzenbetrachtungen, warum sich die Umstellung auf ein digitales SFM lohnt. Die Vorbereitungsphase endet mit der Festlegung des Projektplans und -teams.
- **Analyse:** Es schließt sich die Analysephase an. Sie umfasst die Analyse des bestehenden SFM und der vorhandenen IT-Landschaft und wird durch die Erstellung eines Lastenhefts abgeschlossen. Diese Phase beantwortet die Frage, was genau verbessert werden soll und auf welchen technischen Systemen aufgebaut wird. Ihr Ergebnis beeinflusst den Verlauf der umfangreichsten Phase: das Design.

- **Design:** In der Designphase werden methodische Verbesserungen der SFM-Prozesse durchgeführt und das technische System erstellt. Dazu ist eine Make-or-Buy-Entscheidung zu treffen, welches System beschafft oder entwickelt werden soll, und dieses wird in die IT-Landschaft integriert.
- **Einführung:** Zur Einführung der dSFM-Software wird zunächst ein Pilotbereich ausgewählt, in dem das System getestet wird und erste Anpassungen und Verbesserungen umgesetzt werden. Für die Einführung sind Schulungen im Umgang mit der Software und der Methode sowie die Installation der Hard- und Software an allen Besprechungsorten notwendig. Mit dem Go-live kann das durchgängige dSFM im Pilotbereich produktiv eingesetzt werden.
- **KVP:** Mit den Erfahrungen aus dem laufenden Betrieb wird das System kontinuierlich verbessert. Dazu wird in regelmäßigen Abständen die Zielerreichung des dSFM gemessen. Eventuell wird die Verbesserung der Methodenkompetenz oder eine Anpassung der Softwarefeatures notwendig. So wird das dSFM langfristig als Verbesserungsroutine etabliert.

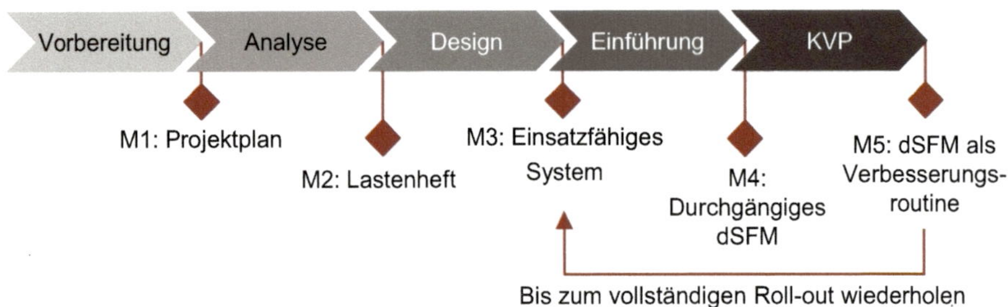

Bild 5.1 5 Phasen der dSFM-Einführung

dSFM sollte zunächst in einem Pilotbereich eingeführt werden, in dem das klassische SFM schon am weitesten entwickelt ist. In einem solchen Bereich existiert eine klare Vorstellung der Anforderungen und das Projekt wird weniger durch eine vorausgehende Methoden- und/oder Kennzahlenentwicklung verzögert. Des Weiteren sollte der Pilotbereich über mehrere Teams unterschiedlicher Führungsebenen verfügen, um die Vorteile der Aggregation und des Maßnahmenmanagements zu erleben. Dabei ist darauf zu achten, dass alle Teams eines Führungsbereichs teilnehmen, sodass die Kennzahlen dieser Teams konsistent auf der nächsthöheren Ebene aggregiert werden können. Ist dies nicht konsequent möglich, so sollten diejenigen Teams eines Führungsbereichs, die ihre SFM-Meetings noch analog halten, in einer Übergangsphase ihre Kennzahlen manuell in das dSFM-System eintragen. Es gilt zu vermeiden, dass es zu hybriden Lösungen kommt, in der übergeordnete Runden Kennzahlen und Maßnahmen analog und digital parallel bearbeiten müssen.

Der Pilotbereich fungiert darüber hinaus als Leuchtturm: Mitarbeitende und Führungskräfte anderer Bereiche können an dSFM-Stehungen des Piloten teilnehmen, sich einen Eindruck verschaffen und gegebenenfalls ihr Feedback einbringen. So wird sichergestellt, dass die ausgewählte Lösung auch für andere Bereiche passt und skeptische Stakeholder überzeugt werden können.

Erst nach der erfolgreichen Einführung des dSFM im Pilotbereich und der Abarbeitung der eventuell notwendigen Verbesserungen erfolgt der Roll-out. Die Erfahrung abgeschlossener Projekte zeigt, dass sich die Stärken des dSFM umso deutlicher zeigen, je mehr Teams involviert sind. Insbesondere auf den Gebieten der Kennzahlenaggregation und des Maßnahmenmanagements sind deutliche Effekte zu erwarten.

Stößt der Roll-out an Bereiche, in denen SFM noch nicht oder nur unzureichend etabliert ist, ist ein erhöhter Aufwand für methodische Schulungen und Coaching notwendig. Dies ist jedoch auch eine Chance für die gesamte Produktionsorganisation und -führung, da so der Reifegrad des SFM auch in weiteren Bereichen angeglichen und die Problemlösungsfähigkeit der Organisation gestärkt wird. Abschnitt 5.2 und Abschnitt 5.3 zeigen auf, wie der Reifegrad des SFM bestimmt werden kann und welche Maßnahmen sich daraus ergeben. Der Pilotbereich dient dabei auch als Lernobjekt für alle anderen Bereiche.

Auch nach einem vollständigen Roll-out sollte das dSFM, wie jeder andere Prozess, einem KVP unterliegen. Hier ist eine Routine für die regelmäßige Manöverkritik in jeder Besprechungsebene anhand von Kennzahlen und Checklisten vorzusehen, um auch das Vorgehen und die Zusammenarbeit im dSFM kontinuierlich zu verbessern.

Zur Umsetzung des Projekts sind in den Phasen verschiedene Funktionen notwendig: Das Management sowie die mittlere/untere Führungsebene sind für eine erfolgreiche Einführung und den Betrieb eines dSFM kritisch. Es braucht eine klare Verpflichtung auf das Ziel der dSFM-Einführung. Im besten Fall wird in den Zielvereinbarungen der Führungskräfte die Digitalisierung des SFM bis zu einem bestimmten Zeitpunkt festgehalten. Darüber hinaus ist es wichtig, dass das Management die Projektziele fördert und die Finanzierung sowie die Kapazität der benötigten Funktionen bereitstellt. Der Arbeitsalltag der operativen Führungsebene wird durch das dSFM maßgeblich beeinflusst. Je nachdem, wie tief eine SFM-Kultur bereits verankert ist, benötigt es intensives Coaching durch interne Lean-Verantwortliche (häufig OPEX-Team) oder ausgewiesene externe Berater. Das System muss ihren Bedürfnissen entsprechen, wobei die Lean-Verantwortlichen dafür sorgen müssen, dass sich die Führungskultur durch die Einführung des dSFM weiter in die Richtung der nachhaltigen Problemlösung verbessert. Da die Qualitätsabteilung für interne Prozessstandards und Problemlösungsprozesse verantwortlich ist, sollte diese frühzeitig eingebunden werden. Dabei ist es wichtig, die Anforderungen aus der Qualität an eine dSFM-Software aufzunehmen und zu integrieren, um später an einem gemeinsamen Strang zu ziehen. Zur Umsetzung und Bereitstellung sind die operative IT, die IT-Infrastruktur sowie gegebenenfalls ein Softwareanbieter notwendig. Auch der Betriebsrat (BR) sollte eingebunden werden (dSFM fällt als „technische Einrichtung, die dazu bestimmt ist, das Verhalten oder die Leistung der Arbeitnehmer zu überwachen" unter § 87 Abs. 1 Nr. 6 BetrVG und ist daher mitbestimmungspflichtig). Die Beteiligung der einzelnen Funktionen variiert dabei in den einzelnen Phasen (Bild 5.2).

Im Folgenden werden die fünf Phasen im Detail beschrieben und um Good Practices, Entscheidungshilfen und Vorlagen für alle Projektschritte ergänzt. Für Sie steht unter *plus.hanser-fachbuch.de* ein Poster für den gesamten Einführungsprozess zum Download bereit.

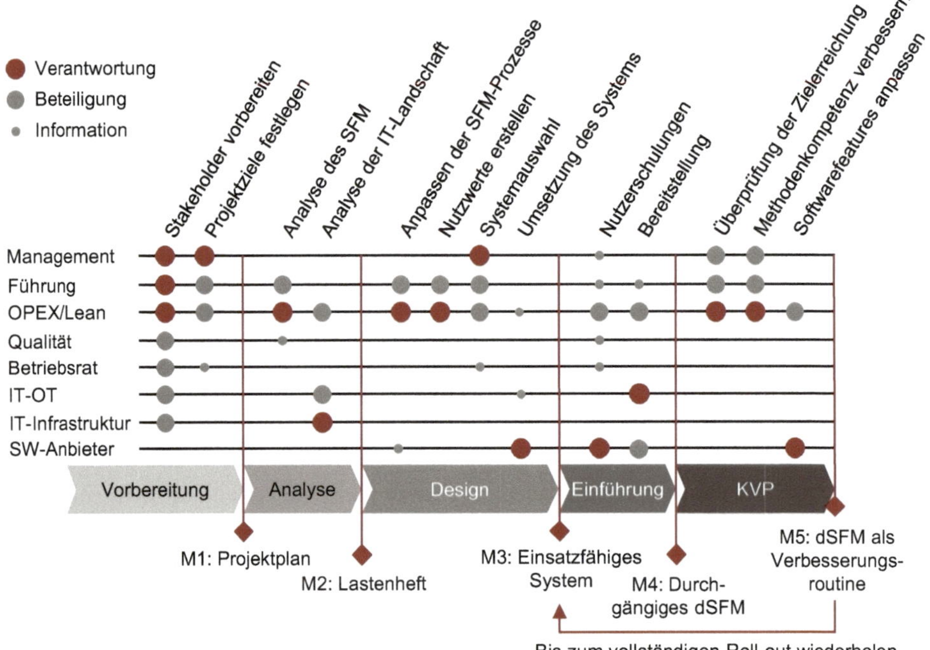

Bild 5.2 Verantwortlichkeiten in den Projektphasen

■ 5.1 Vorbereitung

Zur Vorbereitung müssen zunächst die Stakeholder identifiziert und abgeholt werden. So können die Ziele und die Verantwortlichen festgelegt werden.

5.1.1 Stakeholder vorbereiten

Ziel ist es, diejenigen Stakeholder mit einem hohen Interesse und einem hohen Einfluss zu identifizieren und in die weiteren Entscheidungsfindungen einzubeziehen. Idealerweise findet sich ein engagiertes Team aus mehreren Hierarchieebenen, die stellvertretend für ihre Funktion Entscheidungen treffen können. Auf Führungskräfte und Meinungsführer, die der Digitalisierung des SFM aus methodischen oder finanziellen Gründen kritisch gegenüberstehen, sollte ein besonderes Augenmerk gelegt werden. Diese Personen frühzeitig zu erkennen, einzubeziehen und zu überzeugen erleichtert den Projektfortschritt [30].

Good Practice

Für ein erfolgreiches Einführungsprojekt werden Vertretende aus den Funktionen Management, operative Führung, OPEX, IT, Betriebsrat (BR), Qualität und gegebenenfalls ein Softwareanbieter benötigt. Je nach Größe des Unternehmens können sich einige Funktionen auch überschneiden, z. B. kann die operative Führung auch die OPEX-Funktion ausfüllen, wenn es dafür kein eigenes Personal gibt. Zum Finden und Abholen der richtigen Stakeholder hat sich in der Praxis die in Tabelle 5.1 dargestellte Checkliste bewährt. Mithilfe dieser Checkliste lassen sich die erforderlichen Funktionen in der eigenen Organisation identifizieren und ansprechen (zu klärende Fragestellungen). Sie zeigt auch die Risiken auf, wenn dies nicht erfolgt.

Tabelle 5.1 Erforderliche Funktionen identifizieren und ansprechen

Stakeholder	Zu klärende Themen	Risiko
Management	▪ Wer sponsert das Projekt/kann das Budget bereitstellen? ▪ Welche Personen müssen für eine Managemententscheidung abgeholt werden?	▪ Erfolgreiche Piloten werden nicht weiter ausgerollt ▪ Parallele Projekte in verschiedenen Bereichen ▪ Keine Finanzierung
Führung	▪ In welchem Bereich können wir das digitale SFM pilotieren/umsetzen? ▪ Ist eine Hardwareausstattung (Bildschirme) vorhanden?	▪ Einige Bereiche werden nicht über die Kaskade erreicht ▪ Verschleppen des Zeitplans
OPEX/Lean	▪ Wer wird das Projektmanagement (Pilot/Roll-out) übernehmen? ▪ Sind Ressourcen vorhanden? Ab wann?	▪ Methode wird im Projekt nicht gestärkt ▪ Mangelnde Kapazität im Projektteam
Qualität	▪ Gilt es, QM-Prozesse zu beachten?	▪ Parallele Systeme für Abweichungsbearbeitung und Problemlösung

Tabelle 5.1 *(Fortsetzung)*

Stakeholder	Zu klärende Themen	Risiko
Betriebsrat	▪ Ist das geplante Projekt mitbestimmungspflichtig? ▪ Braucht es eine Betriebsvereinbarung?	▪ Projektunterbrechung durch den BR ▪ Ablehnung der Beschäftigten
IT OT	▪ Sind die Ansprechpersonen zur Umsetzung definiert und informiert? ▪ In welchem Zeitraum lässt sich dies umsetzen?	▪ Keine Kapazität zur Umsetzung
IT-Infrastruktur	▪ Wo soll die dSFM-Software gehostet werden? ▪ Gilt es, IT-Security-Richtlinien zu erfüllen?	▪ Projektunterbrechung oder Projektstopp wegen IT-Sicherheitsrichtlinien

Werden nicht abgeholte, relevante Stakeholder zu spät auf das schon laufende Projekt aufmerksam, kann es zu Projektverzögerungen und -stopps kommen: Sei es, weil die Kapazität der richtigen IT-Mitarbeitenden nicht freigegeben wurde (oder diese erst mal gefunden werden müssen), operative Führungskräfte sich dem System verweigern oder der Betriebsrat Einsprüche erhebt.

Auch unterscheiden sich die Vorstellungen von SFM und dSFM oft erheblich in verschiedenen Hierarchieebenen und Bereichen. Für die Entscheidungsfindungen müssen die Stakeholder ein gemeinsames Verständnis der zugrunde liegenden Methoden von SFM (vgl. Kapitel 3) und der unterschiedlichen Gestaltungsmöglichkeiten von dSFM (vgl. Kapitel 4) entwickeln.

In Unternehmen bis circa 1000 Beschäftigten kennen sich die für das Projekt relevanten Personen in der Regel gut und eine Übersicht über die Stakeholder und deren Haltung zum dSFM kann schnell „aus dem Kopf" erstellt werden. In KMUs kann eine Produktions- oder Werksleitung oft sogar allein entscheiden und muss sich nicht abstimmen. Mit der Größe des Unternehmens steigt jedoch der Aufwand zur Identifikation und Einschätzung der relevanten Stakeholder. Bei Konzernen empfiehlt es sich, eine systematische Stakeholderanalyse durchzuführen (z. B. nach Krips [31]).

In Konzernstrukturen gibt es viele Führungskräfte auf gleicher Hierarchieebene, z. B. Werkleitungen. Diese sind in der Regel nicht von gegenseitigen Entscheidungen abhängig. Ein dSFM soll aber langfristig konzernweit einheitlich sein - was eine frühzeitige Abstimmung notwendig macht. Die relevanten Personen in der Führungsebene, aber auch im späteren Verlauf die richtigen IT-Experten intern zu identifizieren, kann mehrere Wochen beanspruchen und sollte daher frühzeitig begonnen werden. ▪

In den verschiedenen Funktionen sind typischerweise vier Typen anzutreffen, die mit jeweils eigenen Argumenten für das dSFM gewonnen werden können:

- **SFM-Verweigernde**

  Diese Gruppe hält schon die kurzen Besprechungen der Beschäftigten im SFM für Zeitverschwendung. Es gilt also zunächst, die Vorteile durch Transparenz und eine offene Fehlerkultur im SFM zu erklären (vgl. Kapitel 3).

- **dSFM-Skeptiker**

  Personen, die der Digitalisierung des SFM skeptisch gegenüberstehen, argumentieren in der Regel mit den Risiken des dSFM, dass digitale Werkzeuge zu einer Entfremdung der Mitarbeitenden und Führungskräfte vom Geschehen auf dem Hallenboden führen. Nach ihrer Ansicht führt die Digitalisierung des SFM dazu, dass die Beteiligten ihre Aufmerksamkeit mehr auf die digital bereitgestellte Information und das zugehörige Medium richten als auf die realen Dinge am Ort des Geschehens.

  Wenn klassisches SFM in der Organisation verstanden und gelebt wird, ist diese Befürchtung unberechtigt, da die Führungskräfte die eingesparte Zeit im Datenhandling für die Problemlösung nutzen. Ist das SFM noch nicht in der Breite etabliert, besteht tatsächlich die Gefahr, dass das Tool nicht richtig eingesetzt wird. In diesem Fall kann jedoch die Methodenkompetenz in der Organisation durch das Einführungsprojekt gestärkt werden - wenn das richtige Tool richtig eingeführt wird. Unterstützt die Software die ganze Methode, wird durch die Arbeitsersparnis im Datenhandling die Akzeptanz erhöht sowie durch Meeting- und Problemlösungsassistenten die Durchführung erleichtert. Die Tooleinführung sollte gleichzeitig mit einer Methoden- und Moderationsschulung einhergehen (im Projektplan vorsehen). In digital vorgegebenen Prozessen kann das Gelernte anschließend einfacher im Alltag umgesetzt werden.

  Darüber hinaus kann im dSFM-System eingesehen werden, wie mit dem System gearbeitet wird und so methodische Schulungen zielgenauer gesteuert werden.

- **Mitlaufende**

  Diese Gruppe richtet sich nach den getroffenen Entscheidungen. Sie müssen nicht in die Entscheidungsgremien aufgenommen werden.

- **dSFM-Zustimmende**

  Diese Gruppe sieht die Vorteile der Digitalisierung des SFM und möchte Kennzahlendialoge, Abweichungsmanagement und Verbesserungsaktivitäten verbessern. Sie unterstützen eine Einführung, können jedoch unterschiedliche Vorstellungen von der Umsetzung haben.

Als Ergebnis der Stakeholderanalyse steht eine Übersicht über die relevanten Personen für ein erfolgreiches dSFM-Projekt – Personen, die fördern sowie Personen, die bremsen.

5.1.2 Projektziele festlegen

Auf der Grundlage eines gemeinsamen Verständnisses dessen, was digitale Lösungen im SFM leisten können, lassen sich die Projektziele formulieren: Was soll sich durch das System verbessern? Daraus ergeben sich bereits erste Anforderungen an die dSFM-Software und an ihnen kann der Erfolg des Systems gemessen werden.

Good Practice

Typischerweise liegt die Motivation für ein dSFM in der Verbesserung der SFM-Abläufe: Es soll mit weniger Aufwand bessere Transparenz über Prozesse und laufende Problemlösungsaktivitäten hergestellt werden. Um auch die Kosten des dSFM zu rechtfertigen, kann dieses abstrakte Ziel in messbare Größen überführt werden:

- Führungskräfte werden entlastet (z. B. um 45 Minuten pro Tag für Datenaufbereitung).
- Die Bearbeitungszeit von Maßnahmen sinkt (z. B. um 30 %).
- Die Zielerreichung von ausgewählten Kennzahlen steigt (z. B. Erhöhung der OEE bis zu 30 % oder Produktivität um 2 bis 5 %).

Diese konkreten Ziele ermöglichen auch eine erste Nutzenabschätzung.

5.1.3 M 1: Projektplan

Mit der Übersicht über die Stakeholder und die Projektziele kann der Projektplan mit Verantwortlichen und Zeitrahmen festgelegt werden.

Good Practice

Aus Gründen der Einfachheit oder mit der Absicht, möglichst wenig an vertrauten Abläufen zu verändern, ist die Versuchung groß, ein bestehendes SFM in einer dSFM-Software abzubilden. Dadurch werden die Phasen der Vorbereitung und Analyse stark verkürzt und eine Spezifikation und Pilotierung der Software kann in wenigen Wochen durchgeführt werden. Ein solches Vorgehen vergibt jedoch die Chance, die Schwächen im bestehenden SFM zu erkennen, zu adressieren und den neuen SFM-Kreislauf so zu gestalten, dass die Stärken der SFM-Software voll zur Geltung kommen.

Ein dSFM-System bietet wesentlich mehr Möglichkeiten bei der Interaktion mit und der Darstellung von Kennzahlen als ein analoges Whiteboard. Dementsprechend können Kennzahlen auch anders definiert und dargestellt werden. Zum Beispiel lassen sich die Rohdaten berechneter Kennzahlen aufrufen oder Zahlen in verschiedenen Grafiken zusammenfassen. Die Kennzahlen sollten unter Berücksichtigung dieser Möglichkeiten überarbeitet werden.

Und die Kennzahlen sind häufig nicht das Einzige, was mit der Einführung eines dSFM-Systems überarbeitet werden sollte. Der Stand des SFM kann sich von Bereich zu Bereich erheblich unterscheiden. Es sollte demnach eine breite Analyse des aktuellen Stands des SFM erfolgen – und die SFM-Einführung zur Verbesserung der Methodenkenntnis genutzt werden.

Viele Unternehmen, die bereits seit Jahren analoges SFM gelebt hatten, berichten nach der Einführung von dSFM, dass die Methodenkenntnis in der Breite deutlich schlechter war als angenommen.

Mit diesen vorgesehenen Aktivitäten ergibt sich folgender Rahmenprojektplan für die Auswahl und Einführung von einem bereits verfügbaren dSFM (Bild 5.3).

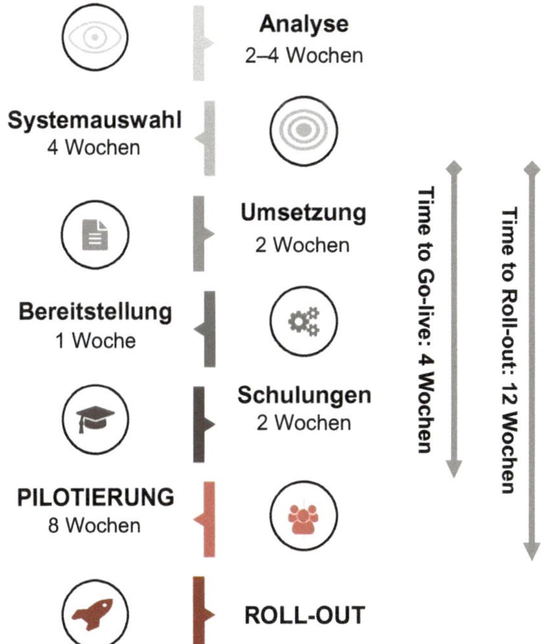

Bild 5.3 Rahmenprojektplan

Neben dem Projektplan ist auch die Projektorganisation festzulegen. In der Praxis hat sich eine Aufteilung in Arbeitsebene, Projektleitung und Steering Committee (Lenkungskreis) bewährt (Bild 5.4).

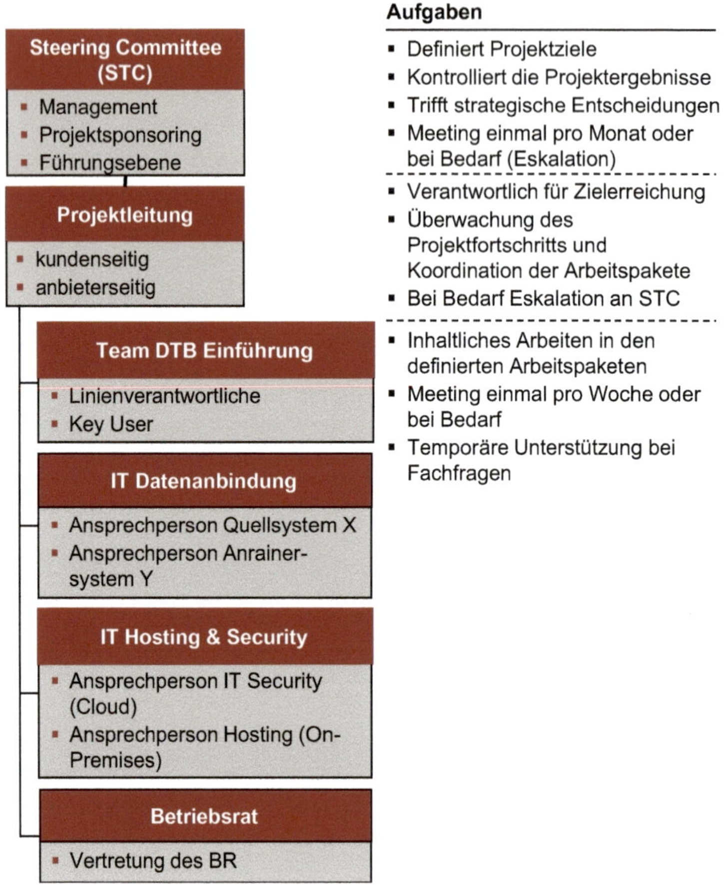

Bild 5.4 Projektorganisation für die dSFM-Einführung

Sind Projektteam und -plan festgelegt, kann mit der Analyse fortgefahren werden.

5.2 Analyse

Mit der Analyse des bestehenden SFM wird festgestellt, ob der Bereich bereit für die Digitalisierung ist. Gleichzeitig geht es darum, Potenziale zu verstehen, aktuelle Prozesse gegebenenfalls neu zu definieren und daraus die Anforderungen an die SFM-Software im Detail abzuleiten. Ziel ist es, das System auf die Bedürfnisse der Nutzenden zuzuschneiden. Die bestehende IT-Infrastruktur muss aus technischen Gründen ebenso analysiert werden.

5.2.1 Analyse des bestehenden Shopfloor Managements

Wenn in der Vergangenheit die Teams und die verschiedenen Führungsebenen vertrauensvoll zusammengearbeitet haben, entsteht auch im dSFM nicht die Sorge, dass das System zur Kontrolle genutzt wird. Andernfalls muss die Fehlerkultur vor oder mit der Einführung des dSFM entwickelt werden [30].

Die Grundlagen für den KVP und die Methoden von erfolgreichem SFM wurden in Kapitel 2 bzw. Kapitel 3 erläutert. Für die Analyse deren Umsetzung im bestehenden SFM hat sich das folgende Audit (Bild 5.5) bewährt. Es ist darauf ausgelegt, durch wenige, ausgewählte Fragen den Stand des SFM zu bestimmen und die daraus resultierenden notwendigen Schritte in der Einführung des dSFM zu priorisieren. Es unterteilt sich in die Messungen des Reifegrades der Shopfloor-Kultur (sechs Items), der Kennzahlen (sieben Items), des Abweichungsmanagements (acht Items) und der systematischen Problemlösung (sechs Items).

Die Vorlage ist darauf ausgelegt, bei der Beobachtung einer SFM-Besprechung ausgefüllt zu werden. Nur einige Fragen sollten vorab geklärt werden (dunkelrot) oder können der Moderation im Anschluss an das Meeting gestellt werden (hellrot). Die Bewertung wird durch eine „1“ unter der zutreffenden Bewertung von „vollständig erfüllt“ bis „nicht erfüllt“ durchgeführt. Unter *plus.hanser-fachbuch.de* steht für Sie das vollständige Audit zum Download bereit.

In der Auswertung wird so eine Übersicht über den Stand des SFM erstellt. Den Bewertungen werden die Zahlenwerte Null bis Drei zugeordnet und innerhalb der Kategorien gemittelt. Eine Kategorie über „2“ heißt demnach, dass sie bereits gut etabliert ist, eine „3“ wäre perfekt und Werte unter „2“ zeigen dagegen einen Nachholbedarf auf.

Kriterium	vollst. erfüllt	eher erfüllt	eher nicht	nicht erfüllt
Es sind Shopfloor-Besprechungen für alle Ebenen (von den Teams bis zur Geschäftsführung) etabliert.	vollst. erfüllt	eher erfüllt	eher nicht	nicht erfüllt
1 *Kommentar:*			1	
Es gibt eine Agenda für das Shopfloor-Meeting	vollst. erfüllt	eher erfüllt	eher nicht	nicht erfüllt
1 *Kommentar:*			1	
Shopfloor-Meeting findet entsprechend der Agenda statt	vollst. erfüllt	eher erfüllt	eher nicht	nicht erfüllt
1 *Kommentar:*		1		
Die definierten Teilnehmenden sind zu den Shopfloor-Meetings anwesend	vollst. erfüllt	eher erfüllt	eher nicht	nicht erfüllt
1 *Kommentar:*	1			
Führungskraft kann Ablauf und Ziel des Shopfloor-Meetings erklären	vollst. erfüllt	eher erfüllt	eher nicht	nicht erfüllt
1 *Kommentar:*	1			
Führungskraft kann die Rollen und Verantwortlichkeiten im Team erklären	vollst. erfüllt	eher erfüllt	eher nicht	nicht erfüllt
1 *Kommentar:*	1			

Bild 5.5 Auszug aus dem SFM-Audit, Bereich Shopfloor-Kultur

SFM-Kultur kleiner als „2"

Besteht noch keine Kultur von regelmäßigen Shopfloor-Meetings, sollte diese noch vor der Digitalisierung etabliert werden. Oft fragen die Fachbereiche dann schnell nach einer Digitalisierung, um den Aufwand zu reduzieren. Anforderungen können so besser formuliert und Inhalte besser spezifiziert werden.

Kennzahlen kleiner als „2"

Die verwendeten Kennzahlen eignen sich nicht für ihren Zweck, die Aufmerksamkeit auf die wichtigsten Probleme zu lenken. Sie sollten daher nicht direkt in ein digitales System überführt, sondern zunächst überarbeitet werden. Während der Spezifikation eines dSFM werden Kennzahlen detailliert beschrieben. Diese Übersicht kann genutzt werden, um die gewählten Zahlen zu überarbeiten. Es kann also mit einem dSFM-Projekt gestartet werden – es sollte aber für die Spezifikation mehr Zeit eingeplant und diese für eine Überarbeitung der Kennzahlen genutzt werden.

Maßnahmenmanagement kleiner als „2"

Die Prozesse, Maßnahmen anzustoßen und nachzuverfolgen, funktionieren nicht ausreichend. Ein digitales SFM kann hier deutlich unterstützen, da Kennzahlen und Abweichungen systemisch verknüpft werden können und Maßnahmen nachvollziehbar bleiben. Ein niedriger Wert im Bereich Maßnahmenmanagement erhöht auch den Nutzen eines dSFM: Mehr Maßnahmen schneller zu bearbeiten verbessert die Prozesse und führt zu Produktivitätssteigerungen. Für eine Amortisationsrechnung kann daher dafür ein höherer Wert angenommen werden - wenn das ausgewählte System diesen Bereich gut unterstützt.

Systematische Problemlösung kleiner als „2"

Ursachen werden nicht abgestellt und Probleme nicht nachhaltig gelöst. Dieser Wert ist bei den meisten Unternehmen niedrig. Hier gilt zum einen das Gleiche wie für das Maßnahmenmanagement: Die digitale Assistenz hilft bei diesem Prozess und führt zu Verbesserungen in der Produktion, wenn die Software diese anbietet. Darüber hinaus sind aber auch weitere methodische Schulungen und oft das Schaffen besserer Prozessvorgaben notwendig. Der Bereich sollte auch nach der dSFM-Einführung begleitet werden.

Bei der Auswertung eines Auditergebnisses (Bild 5.6) sollte also darauf geachtet werden, dass die grundlegende SFM-Kultur vor der Digitalisierung aufgebaut wird bzw. wurde, Kennzahlen auch im Projekt überarbeitet werden können und die richtige Software nach der Einführung das Maßnahmenmanagement und die Problemlösung verbessern kann.

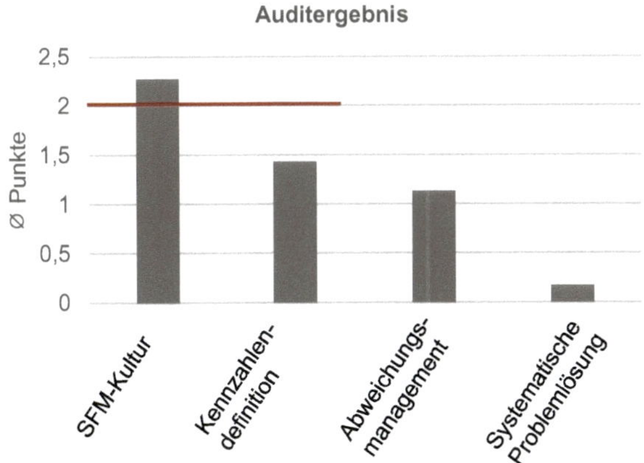

Bild 5.6 Typisches Ergebnis eines SFM-Audits

Aus diesem (typischen) Auditergebnis kann demnach geschlossen werden, dass das dSFM-Projekt beginnen kann, im Projektplan eine Anpassung der Kennzahlen berücksichtigt wird und ein Tool ausgewählt werden sollte, das Maßnahmenmanagement und Problemlösung unterstützt. In der Kalkulation des Projekts wird dann auch berücksichtigt, dass sich die Produktionsprozesse durch das verbesserte Abweichungsmanagement verbessern (Vorlage zur Amortisationsrechnung in Abschnitt 5.3.2).

5.2.2 Analyse der IT-Landschaft

Die IT-Landschaft muss aus technischen und organisatorischen Gründen betrachtet werden. Organisatorisch ist mit den operativen Führungskräften zu klären, welche Daten aus welchen Quellsystemen relevant sind und wie die Abgrenzung bzw. Zusammenarbeit mit Anrainersystemen aussehen soll. Technisch muss dann geklärt werden, wie Daten übergeben, wo sie verrechnet werden und wie das dSFM betrieben werden soll.

Anrainersysteme

Anrainersysteme sind Systeme, die in der Produktion zum Einsatz kommen und Anknüpfungspunkte zum dSFM aufweisen. Die klassischen Anrainersysteme von dSFM sind die Quellsysteme von Kennzahlen, spezialisierte Maßnahmenverwaltungen (z. B. SAP Qualitätsmodul, Atlassian Jira oder QUENTIC für Sicherheitsthemen) und spezialisierte Systeme (z. B. Microsoft Power-BI für das Reporting, ein betriebliches Vorschlagswesen, die Einsatzplanung sowie eine Audit- und Qualifikationsverwaltung) (Bild 5.7).

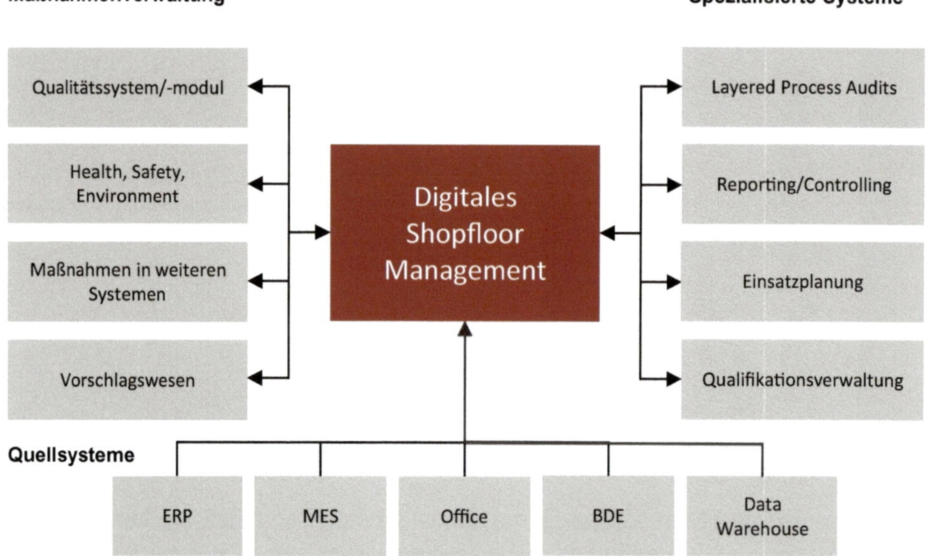

Bild 5.7 Typische Anrainersysteme eines dSFM

Für diese Systeme muss festgelegt werden, welche abgelöst werden sollen oder wie die Zusammenarbeit bzw. Abgrenzung gestaltet wird.

Die Datenverfügbarkeit von Kennzahlen in Quellsystemen ist sehr unterschiedlich: Vorhandene ERP-, MES- oder Betriebsdatenerfassungssysteme (BDE) sind eine gute Datenbasis, oft liegen die Daten aber nur in MS-Office vor oder müssen erst noch erhoben werden. Die relevanten Quellsysteme müssen benannt und deren Schnittstellen geprüft werden (z. B. REST-Schnittstellen, Zugriff auf SQL-Datenbanken, Office-Dokumente oder OPC-UA-Konnektoren von Maschinen). Die notwendigen Schnittstellen sind ein Auswahlkriterium für die zu beschaffende dSFM-Software.

Im dSFM sollen Abweichungen erkannt und Probleme gelöst werden - das macht auch eine Maßnahmenverwaltung notwendig. Bestehende Systeme, in denen ebenfalls Maßnahmen geführt werden, können entweder angebunden oder abgelöst werden. Das Qualitätssystem ist häufig Teil von Zertifizierungen und wird von den Beschäftigten aus der Qualität bedient - hier reicht es oft aus, wenn das dSFM dort laufende Maßnahmen anzeigen kann. Darüber hinaus ist es von Vorteil, wenn das dSFM Prozesse in anderen Systemen anstoßen oder Maßnahmen aus anderen Systemen importieren kann.

Abschließend sind spezialisierte Systeme zu betrachten, die in vielen Unternehmen als individuelle Speziallösungen vorzufinden sind. Audits, Qualifikationsmatrizen, Einsatzplanung oder ein Reportingwesen werden je nach Unternehmen gar nicht durchgeführt, nicht als Teil des SFM gesehen oder durch spezialisierte Software vollständig abgedeckt. Ob und wie diese Funktionen sich im dSFM wiederfinden sollen oder wie die Schnittstellen definiert werden, sollte ebenfalls Teil des Lastenhefts werden.

Eine Vorlage für ein Lastenheft ist unter *plus.hanser-fachbuch.de* zu finden und wird in Abschnitt 5.2.3 beschrieben.

Betriebsart

Die dSFM-Software kann prinzipiell auf drei verschiedene Arten gehostet (betrieben) werden:

- **Eigenes Rechenzentrum (On-Premises):** Hier stellt die eigene IT-Infrastruktur einen (virtuellen) Server zur Verfügung und die dSFM-Software wird auf diesem betrieben.
- **Eigene Public Cloud (Own Cloud):** Die dSFM-Software wird auf der Public-Cloud-Instanz des eigenen Unternehmens betrieben, z. B. Microsoft Azure, AWS, Open Telekom Cloud.
- **Anbieter-Cloud (Supplier Cloud):** Der Softwareanbieter deckt den Betrieb der Software ab. Es wird die dSFM-Software „as a Service“ bezogen.

Der Betrieb auf der Cloud eines Anbieters ist in der Regel am günstigsten. Hier ist zu klären, ob das für die geplanten Daten erlaubt ist. Ansonsten müssen Alternativen in Form von internen Clouds oder Servern bereitgestellt werden (Bild 5.8).

On-Premises	**Own Cloud**	**Supplier Cloud**
Vorteile	*Vorteile*	*Vorteile*
• Betrieb im selben Netzwerk wie Datenquellen und Anrainersysteme erleichtert den Datenaustausch • In abgeschotteten Umgebungen (z. B. Pharmabranche) aktuell die einzige Betriebsmöglichkeit	• Betrieb im selben Netzwerk (auf der Cloud) wie Datenquellen und Anrainersysteme erleichtert den Datenaustausch • Es lassen sich einfacher eigene IT-Security-Vorgaben umsetzen	• Geringer Aufwand für Einrichtung und Wartung der Software • Betrieb und Wartung wird vom Softwareanbieter übernommen
Nachteile	*Nachteile*	*Nachteile*
• Unternehmensinterne Kosten für IT-Infrastruktur und Systembetreuung • Aufwand seitens des Softwareanbieters für Updates und Fehlerbehebung	• Unternehmensinterne Kosten für IT-Infrastruktur und Systembetreuung • Aufwand seitens des Softwareanbieters für Updates und Fehlerbehebung	• Es muss eine Verbindung zu den Datenquellen geschaffen werden, z. B. durch eine Site-2-Site-VPN-Verbindung
Geeignet für	*Geeignet für*	*Geeignet für*
• Kritische Infrastruktur, die nicht von außen zugänglich sein darf (Pharma, Verteidigung etc.)	• Hohe IT-Security-Anforderungen an Netzwerkverbindungen	• Software-as-a-Service-dSFM-Software mit kurzen Update-Zyklen

Bild 5.8 Vergleich der Betriebsarten

Je nach ausgewählter Betriebsart sind anschließend die Zugriffsrechte zu klären: Wo liegen die Daten der Quellsysteme und wie wird der Zugriff des dSFM-Systems darauf geregelt? Oder bei einer On-Premises-Lösung: Wie können Softwareanbieter auf interne Server zugreifen, um Wartungsarbeiten durchzuführen?

Aus der Analyse der IT-Landschaft ergeben sich Anforderungen und deren Priorisierung an das dSFM-System: Unterstützt es die favorisierten Schnittstellen, die Betriebsart, deckt es die richtigen Prozesse ab und wie gut ist der Übergang zwischen dSFM und spezialisierten Systemen? Diese Anforderungen werden im Lastenheft zusammengefasst.

5.2.3 M2: Lastenheft

Die Analysephase endet mit der Zusammenstellung eines Lastenhefts. Es sollte die notwendigen Features für die methodische Unterstützung, die Datenanbindungsmöglichkeiten und die IT-Security-Anforderungen umfassen.

Unter *plus.hanser-fachbuch.de* steht eine Vorlage für ein Lastenheft zum Download zur Verfügung.

Die Anforderungen sind dort in die Bereiche Datenanbindung, Kennzahlenvisualisierung, Kennzahleninteraktionen, Abweichungsmanagement, Meetingunterstützung, individuelle Ansichten, Prozesskontrolle, Bedienung, Analytics, Bereitstellung, Support und Sonstiges unterteilt und detailliert aufgeführt.

Die Vorlage bietet darüber hinaus die Möglichkeit, fünf Alternativen parallel zu bewerten. Sie kann also auch zur Systemauswahl herangezogen werden. Dazu werden die Erfüllungsgrade (Skala z.B. 1 bis 5) der jeweiligen Alternative in die leeren Felder eingetragen und die jeweiligen Nutzwerte in der letzten Zeile berechnet (Bild 5.9). Mit den festgelegten Anforderungen kann in die Designphase gestartet werden.

Titel	Anforderungsbeschreibung	Priorität
Datenanbindung		
Systemanbindung	Die Ist- und Zielwerte von Kennzahlen sollen aus verschiedenen Systemen importiert werden können.	
Office	Kennzahlen sollen aus Office-Programmen importiert werden können.	Muss
SAP	Kennzahlen sollen aus SAP importiert werden können.	Soll
REST	Kennzahlen sollen aus REST-Schnittstellen importiert werden können.	Muss
OPC UA	Kennzahlen sollen über OPC UA importiert werden können.	Muss
SQL	Kennzahlen sollen über SQL-Queries importiert werden können.	Muss
Dynamische Zielwerte	Auch der Zielwert von Kennzahlen soll aus Datenquellen gezogen werden können.	Muss
Kennzahlen-visualisierung		
Aggregation	Das System muss Werte aus verschiedenen Datenquellen berechnen können.	
Berechnete Kennzahlen	Kennzahlen aus mehreren Einzelwerten bestimmen (z. B. OEE).	Muss
Aggregation in Hierarchie	Aggregation von Werten mehrerer Teams für höhere Ebenen durch Bildung von Summen, Durchschnitten oder Weitergabe des Maximums.	Muss
Buchstaben-visualisierungen	Monatsübersichten in Form von Buchstaben und einem Sicherheitskreuz müssen unterstützt werden.	Muss
Zahlenwert	Einzelne Zahlenwerte müssen unterstützt werden.	Muss
Liniendiagramm	Liniendiagramme müssen unterstützt werden.	Muss
Balkendiagramm	Balkendiagramme müssen unterstützt werden.	Muss
Säulendiagramm	Säulendiagramme müssen unterstützt werden.	Muss
Tortendiagramm	Tortendiagramme müssen unterstützt werden.	Muss
Erkennen von Abweichungen	Kennzahlen sollen sich automatisch einfärben, wenn Grenzwerte verletzt werden.	Muss
Reportfunktion	Es sollen Ansichten erstellt werden können, die Kennzahlen über einen wählbaren Zeitraum aggregiert visualisieren.	Soll

Bild 5.9 Auszug aus dem bereitgestellten Lastenheft

5.3 Design

Auch die Designphase unterteilt sich in einen methodischen und einen technischen Teil. Abhängig von der Analyse des SFM (vgl. Abschnitt 5.2) kann es notwendig sein, Elemente des SFM vor oder mit der Einführung des dSFM zu entwickeln. Das Lastenheft bildet die Grundlage für die Systemauswahl.

5.3.1 Anpassen der Shopfloor Management-Prozesse

Die Analyse des Ist-Stands des SFM hat ergeben, in welchen Bereichen sich das SFM vor der oder durch die Digitalisierung weiterentwickeln muss bzw. kann. Die jeweils notwendigen Schritte gilt es nun umzusetzen.

Meetingkultur aufbauen/verbessern

Um die Besprechungskaskade neu zu gestaltet, ist es hilfreich, das Organigramm der Besprechungen aufzuzeichnen und die jeweiligen Teilnehmenden zu benennen (Bild 5.10).

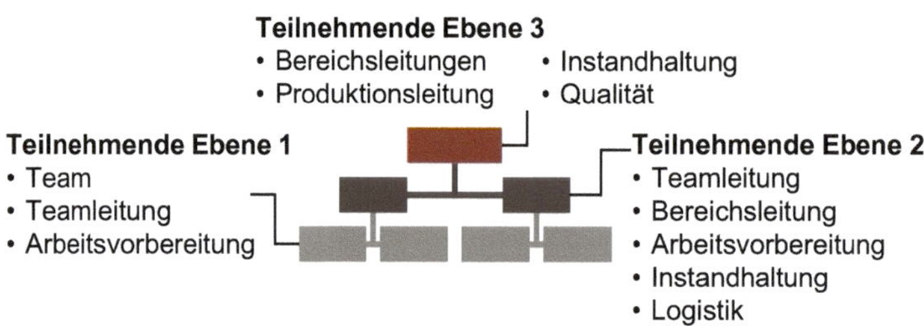

Bild 5.10 Ergebnis einer Kaskadenanalyse

Hierbei fällt oft auf, dass einige Abteilungen nicht oder erst an sehr hohen Stellen an der Regelkommunikation teilnehmen und sich nicht an der Lösung der täglichen Probleme beteiligen (z. B. IT oder Konstruktion/Entwicklung). Es gilt, in Absprache mit allen Beteiligten die notwendigen Ansprechpersonen an den richtigen Stellen einzubinden.

Als Nächstes empfiehlt es sich, Regeln zwischen den Ebenen einzuführen, wann Themen eskaliert werden – insbesondere bei Fristüberschreitungen (vgl. Abschnitt 3.5).

Damit gibt es ein Regelwerk, wer wann an welchen Terminen teilnimmt und wie diese zusammenarbeiten – dessen Einhaltung kann nun über die Führung eingefordert werden.

So etabliert sich die Regelkommunikation. Diese kann nun mit den geeigneten Kennzahlen gesteuert werden.

Kennzahlensystem aufbauen/verbessern

Abschnitt 2.2 hat die Grundlagen guter Kennzahlen bereits eingeführt – diese sind nun auf das eigene Unternehmen anzuwenden.

Dazu werden zunächst Kennzahlen aus den Bereichen Sicherheit, Kosten, Qualität, Liefertreue und Personal ausgewählt und eventuell um „problemspezifische" ergänzt. Problemspezifische Kennzahlen, messen den Verlauf eines allgemein bekannten Problems, um dessen Ausmaß sichtbar zu machen und um den Erfolg von Maßnahmen messen zu können. Typische Beispiele sind Fehlteile oder mangelnde Qualität von übergebenen Dokumenten.

Nach der allgemeinen Definition der Kennzahlen werden sie auf die einzelnen Teams und Arbeitsplätze verteilt. Dabei werden jeweils spezifische Ziel- und Grenzwerte aus der Historie oder besser aus bestehenden Prozessbeschreibungen abgeleitet. Wenn die Aggregationsregeln zwischen den Ebenen sowie die Verantwortlichen für Erfassung und Erreichung der jeweiligen Werte definiert sind, kann das überarbeitete Kennzahlensystem schrittweise in die Regelkommunikation übernommen werden (Bild 5.11).

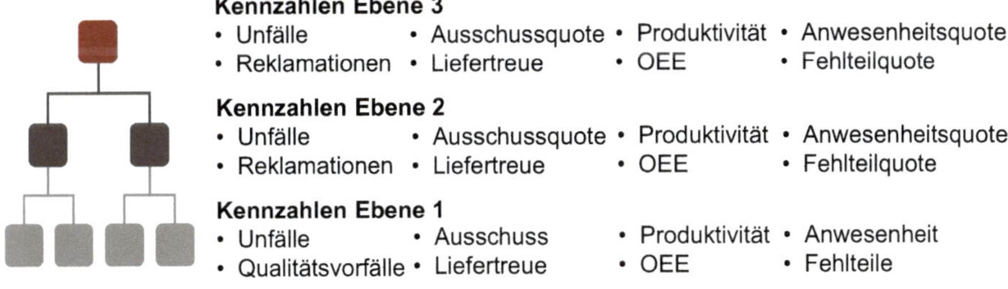

Bild 5.11 Kennzahlenübersicht (vereinfacht)

Abweichungsmanagement verbessern

Schlechtes Abweichungsmanagement zeichnet sich entweder dadurch aus, dass keine Abweichungen gemeldet oder Maßnahmen nicht umgesetzt werden. Das Kennzahlensystem sollte Abweichungen aufzeigen, ansonsten können die Ziele weiter verschärft werden. Die Umsetzung der Maßnahmen sollte über die Besprechungskaskade eingefordert werden. Dies kann durch eine digitale Maßnahmenverwaltung deutlich vereinfacht werden.

Systematische Problemlösung

Eine Verbesserung der systematischen Problemlösung erhoffen sich viele durch das dSFM-System, entsprechende Features sollten im Lastenheft aufgeführt sein. Mit der Transparenz und den Analysemöglichkeiten im dSFM zeigen sich dann schnell wichtige Probleme. Um die Beschäftigten nicht zu überfordern, sollten zu Beginn einfache Probleme mit methodischer Begleitung im System bearbeitet werden. Diese Begleitung von konkreten Fällen im laufenden Betrieb ist meist erfolgreicher als einzelne abstrakte Schulungen und kann durch externe Berater, Methodenchampions (z.B. aus dem Lean-Team) oder durch Führungskräfte erfolgen. Werden interne Coaches eingesetzt, ist sicherzustellen, dass sie über die notwendigen fachlichen und interpersonellen Kompetenzen verfügen.

5.3.2 Systemauswahl

Die Systemauswahl kann parallel zu der methodischen Neuaufstellung begonnen werden. In diesem Schritt wird zum einen entschieden, welche Art von System eingesetzt werden soll, und zum anderen, ob dieses selbst erstellt oder zugekauft werden soll (Make or Buy). Dies führt zu acht grundlegenden Optionen (Bild 5.12).

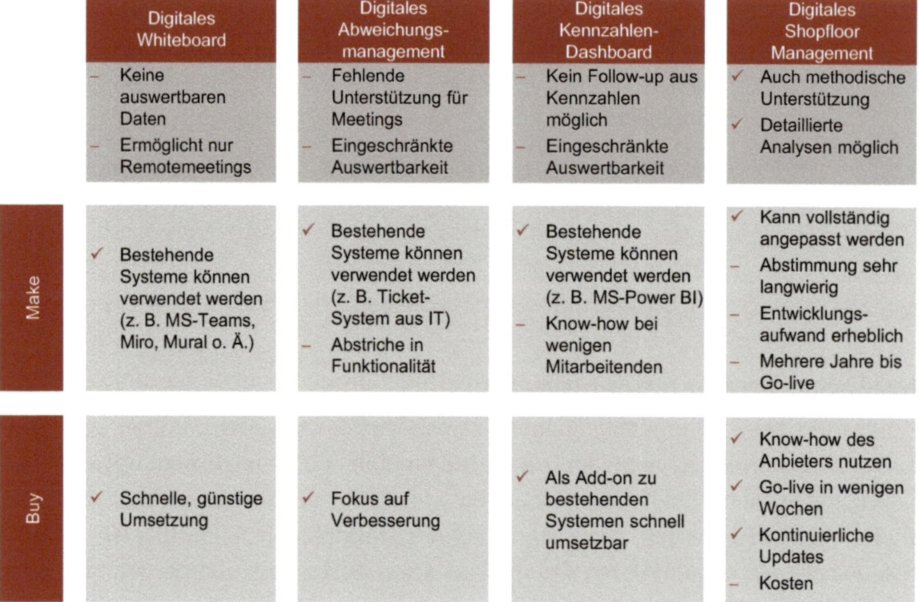

Bild 5.12 Optionen für die Systemauswahl

Die Stärken, Schwächen, Chancen und Risiken der vier Systemarten wurden in Kapitel 4 bereits erläutert und in Bild 5.12 kurz zusammengefasst. Das Erstellen (Make) von digitalen Whiteboards, Maßnahmenmanagement oder Kennzahlen-Dashboards ist aus bestehenden Systemen (MS-Office, Ticket-System, Low-Code-Plattform) häufig kostengünstig möglich. Es können Office-Programme oder Systeme aus anderen Unternehmensbereichen angepasst werden. Der Funktionsumfang dieser Programme ist jedoch eingeschränkt und kann in der Regel nicht alle Anforderungen an ein digitales SFM abdecken. Zudem ist zu beachten, dass das Know-how zur Wartung und Weiterentwicklung des Systems bei einzelnen Beschäftigten liegt. Dies ist riskant, wenn der Mitarbeitende das Unternehmen oder auch nur die Position verlässt. Darüber hinaus ist der Ersteller auch meist nicht aus der IT, sondern aus einer Fachabteilung, wodurch die Qualität der Applikation leiden kann.

„Selbst gestrickte" Lösungen aus z. B. Office-Programmen sind zunächst kostengünstig. Mit zunehmender Größe und Komplexität werden sie jedoch immer wartungsintensiver und die Instandhaltung kann oft nur durch wenige Beschäftigte durchgeführt werden.

dSFM-Systeme selbst zu erstellen, haben in der Vergangenheit insbesondere Großkonzerne angestrebt, um ihr lange erprobtes SFM eins zu eins abzubilden. Auf diese Weise kann ein dSFM exakt auf die eigenen Bedürfnisse zugeschnitten werden - eine Entwicklung dauert jedoch häufig sehr lange. Die Vorstellungen aus der Führungsebene müssen vereinheitlicht, in konkrete Funktionen und Designs übersetzt und umgesetzt werden. Alleine die Konzeption umfasst mehrere Monate, und bis zu einem Go-live können Jahre vergehen. In den letzten Jahren sind immer mehr Anbieter für dSFM-Software am Markt hinzugekommen und die Produkte reifen immer weiter aus. Aus eigener Kraft eine bessere dSFM-Software zu erstellen, als die am Markt verfügbaren, wird daher immer schwieriger. Die hierfür notwendige Entwicklungsarbeit ist vor allem aus Kapazitätsgründen durch interne Mitarbeitende bzw. die eigene IT-Abteilung kaum umzusetzen. Wird eine vollumfängliche digitale Unterstützung des SFM angestrebt, so sollte von einer Eigenentwicklung abgesehen und auf das marktgängige System zurückgegriffen werden, das die eigenen Prozesse am besten abbilden kann.

Von diesen acht Varianten werden drei Alternativen der Digitalisierung eines SFM häufig näher diskutiert: eine Lösung aus der Kombination bestehender Systeme (je nach Fokus des SFM im Unternehmen entweder auf das Maßnahmenmanagement oder Kennzahlen), ein Add-on, das sich leicht in die IT-Landschaft integrieren lässt, und eine dSFM-Software (Bild 5.13).

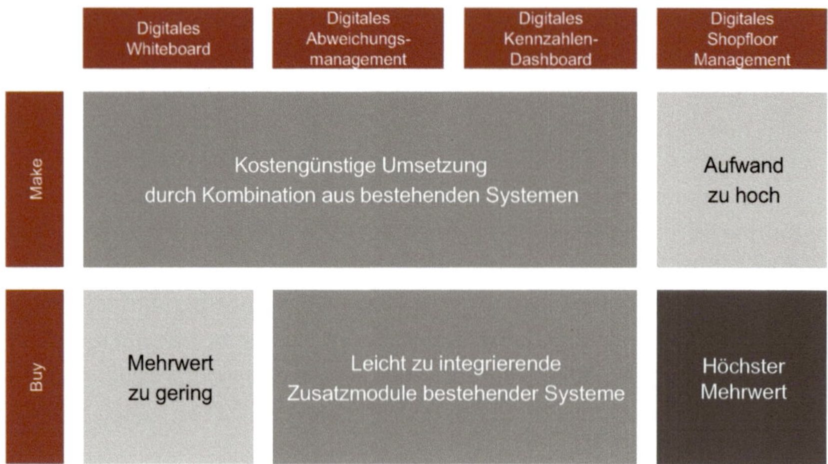

Bild 5.13 Häufig gewählte Alternativen

Diese Varianten unterscheiden sich nicht nur in Funktionalität, sondern auch in ihren Kosten. Hier gilt es nun, das richtige System auszuwählen - dafür sind eine Nutzwertanalyse und eine Wirtschaftlichkeitsrechnung notwendig. Anpassbare Vorlagen für beide Schritte liegen unter *plus.hanser-fachbuch.de* für Sie zum Download bereit.

Die Vorlage für das Lastenheft (vgl. Abschnitt 5.2.3) enthält dabei schon die Funktionalität, verschiedene Varianten hinsichtlich ihres Erfüllungsgrades der Anforderungen zu bewerten und damit deren Nutzwert zu bestimmen. Externe dSFM-Software erreicht in der Regel den höchsten Nutzwert, geht aber auch mit höheren Kosten einher..

Die Kosten der Softwareeinführung und auch die Einsparungen durch die Digitalisierung von Abläufen im SFM lassen sich gut abschätzen und für eine betriebswirtschaftliche Entscheidung nutzen, z. B. auf der Basis der Amortisationsdauer.

Die Vorlage dafür unter *plus.hanser-fachbuch.de* ist in sechs Abschnitte unterteilt. In die ersten zwei Abschnitte werden Unternehmensdaten und weitere Kalkulationswerte eingetragen. Die weiteren Abschnitte berechnen sich dadurch automatisch (grau hinterlegt). Zuerst wird der jährliche finanzielle Nutzen aufgezeigt. Demgegenüber stehen die initialen Investitions- und die laufenden Kosten. Aus diesen Werten bestimmt sich die Amortisationsdauer (Bild 5.14 und Bild 5.15).

Amortisationszeit Abschätzung für dSFM			
Unternehmensdaten für Bereiche mit dSFM		**Einheit**	**Kommentar**
Anzahl an Teams	12		
Anzahl angebundener Kennzahlen	10		
Stundensatz Ingenieur/in	90	€ / Stunde	
Stundensatz Fachkraft	70	€ / Stunde	
Fehlerkosten	80.000	€ / Jahr	
Personalkosten	12.000.000	€ / Jahr	Alternative Grundlagen zur Schätzung der Einsparungen – nur eine verwenden
Gewinn		€ / Jahr	
Kalkulationswerte		**Einheit**	**Kommentar**
Dauer Kennzahlenaufbereitung für Meetings und Reports analog	0,5	Stunden / Führungskraft	
Arbeitstage	220	Tage / Jahr	
Druckkosten, Whiteboards und Materialien	100	€ / Jahr und Team	
Fehlerkostenreduktion	10	%	
Effizienzsteigerung in der Produktion	1	%	Je geringer der Reifegrad in den Bereichen Wissensmanagement, datenbasierte Entscheidungen, Abweichungsmanagement und Problemlösung ist, desto höhere Einsparpotenziale können erwartet werden.
Software Onboardingkosten	15.000	€	Die Preise und Kalkulationsgrundlagen verschiedener Anbeiter können sich stark unterscheiden und verändern.
Software Lizenzkosten	150	€ / Jahr und Team	
Beschaffung und Installation von Meetingequipment	2.000	€ / Team	
Interner Projektaufwand PM	10	Tage	Kann sich je nach Unternehmensgröße und Abstimmungsaufwand stark unterscheiden.
Interner Projektaufwand IT	2	Tage	Kann sich je nach Betriebsart und IT-Infrastruktur stark unterscheiden.
Schulungsaufwand	2	Stunden / Person	
Betrieb und Wartung (Hardware)	100	€ / Jahr und Team	
Systemwartung (intern) PM	2	Tage / Jahr	
Systemwartung (intern) IT	1	Tage / Jahr	

Bild 5.14 Vorlage zur Berechnung der Amortisationsdauer I – kalkulatorische Werte

Nutzen		Einheit	Kommentar
Zeitersparnis in der Vorbereitung von Meetings durch automatisierte Kennzahlen	92.400	€ / Jahr	
Entfall von Druckkosten, Whiteboards und Materialien	1.200	€ / Jahr	
Fehlerkostenreduktion	8.000	€ / Jahr	
Personalkostenreduktion	120.000	€ / Jahr	
Gewinnsteigerung	-	€ / Jahr	
SUMME	221.600	€ / Jahr	
Kosten - Invest		**Einheit**	**Kommentar**
Softwareanbindung, Customizing	15.000	€	
Hardware bereitstellen	24.000	€	Anzahl an Teams kann reduziert werden, wenn Meetingecken mehrfach verwendet werden oder Bildschirme bereits vorhanden sind.
Personalkosten intern	8.640	€	
Mitarbeiterschulung in Tool und evtl. neuen Prozessen	1.680	€	
SUMME	49.320	€	
Kosten - Laufend		**Einheit**	**Kommentar**
Lizenzen	1.800	€ / Jahr	
Betrieb und Wartung (Hardware)	1.200	€ / Jahr	
Wartung intern	2.160	€ / Jahr	
SUMME	5.160	€ / Jahr	

Amortisationsdauer		Einheit	Kommentar
Amortisationsdauer des dSFM	**0,228**	**Jahre**	

Bild 5.15 Vorlage zur Berechnung der Amortisationsdauer II – Auswertung

Die Einsparungen durch Arbeitszeitreduktion in der Durchführung des SFM lassen sich relativ einfach über Aufwand und Stundensätze abschätzen. Der Entfall von Druckkosten und Whiteboard-Material kann pauschal angenommen werden – er ist jedoch für die Berechnung meist unbedeutend. Lassen sich die Einsparungen noch relativ leicht quantifizieren, so ist es deutlich schwerer, die Verbesserung von Abläufen im SFM selbst und vor allem die Vorteile einer gesteigerten SFM-Effektivität zu beziffern. Es ist davon auszugehen, dass z. B. ein schnelleres Erkennen von Abweichungen, eine höhere Disziplin bei der Durchführung des PDCA-Prozesses sowie eine gesteigerte Problemlösungs- und Maßnahmenqualität die Produktionsprozesse nachhaltig positiv beeinflussen. Belastbare Zahlen lassen sich hier jedoch kaum finden, sodass über eine Gewinnsteigerung (Arbeits- oder Maschinenproduktivität) oder eine Personalkostenreduktion in Höhe von 1 bis 2 % argumentiert wird. Zusätzlich kann von einer Reduktion der Fehlerkosten ausgegangen werden.

Die Kosten der Systemeinführung und Wartung hängen von der Art des dSFM-Systems und dem gewählten Anbieter ab und müssen im Einzelfall angefragt und verhandelt werden. Nicht nur die Preise selbst, sondern auch die Berechnungsgrundlagen können sich stark unterscheiden.

Je nach Preisen und angenommenen Verbesserungen ergibt sich eine Amortisationsdauer für die dSFM-Einführung. In der Regel liegt diese deutlich unter einem Jahr.

5.3.3 Umsetzung des Systems

Nach der Auswahl folgt die Umsetzung der dSFM-Software. Diese unterteilt sich in vier Schritte, wobei Schritte 2 und 3 parallel ablaufen können und je nach ausgewähltem System in unterschiedlichem Umfang anfallen:

1. Spezifikation von Organisationsstruktur, Nutzenden, Kennzahlen und Analysekategorien
2. Einrichtung des Systems
3. Anbindung von Datenquellen und angrenzenden Systemen
4. Konfiguration der Dashboards

5.3.3.1 Spezifikation von Organisationsstruktur, Nutzenden, Kennzahlen und Analysekategorien

Zunächst werden die Inhalte des dSFM-Systems spezifiziert. Die Spezifikation umfasst die Organisationsstruktur, Nutzende, Kennzahlen und Analysekategorien.

Organisationsstruktur

Welcher Teil der Organisationsstruktur soll im dSFM abgebildet werden? Welche Regelkommunikation und welche Shopfloor-Meetings werden digitalisiert? Es braucht eine genaue Spezifikation der zu digitalisierenden Teams – vom Shopfloor bis zum Management. Auch die Werksleitung mit ihren Abteilungs- bzw. Bereichsleitungen und Stabsstellen ist ein „Team“ der Organisationsstruktur, welches berücksichtigt werden muss. Darüber hinaus werden Regelkommunikation und Shopfloor-Meetings spezifiziert, d. h., wer trifft sich wann mit wem und wie sieht die Agenda aus. Das Ergebnis sollte beinhalten:

- Teams (vom Shopfloor bis zum Management)
- deren hierarchische Beziehung zueinander
- Regelkommunikation und Shopfloor-Meetings inklusive Agenda

Nutzende

Welche Personen werden im dSFM eingebunden sein? Was sind ihre Rollen? Neben den Personen der zuvor spezifizierten Teams gilt es auch, weitere zu involvierende Personen zu spezifizieren. Falls z. B. die Einkaufsabteilung nicht selbst Teil des dSFM sein wird, so kann es doch sinnvoll sein, Nutzende aus dem Einkauf mit in das dSFM einzubinden, um Informationen für die Besprechungen einzuholen und Maßnahmen zuweisen zu können. Falls die dSFM-Software Rollen unterstützt, gilt es, auch diese zu spezifizieren. Dabei muss die Rolle in einem dSFM-Team nicht immer gleich der Hauptrolle im Unternehmen entsprechen. Das Ergebnis der Nutzerspezifikation sollte beinhalten:

- Nutzende (Name, gegebenenfalls E-Mail-Adresse für Benachrichtigungen)
- deren Teamzugehörigkeit und gegebenenfalls Rollen in diesen Teams

Kennzahlen

Welche Kennzahlen werden an den dSFM-Boards visualisiert? Wie werden diese Kennzahlen berechnet? Was sind ihre Ziel- und Grenzwerte? Die zu verwendenden Kennzahlen stellen einen wichtigen Teil des dSFM dar und sollten ausführlich spezifiziert werden. Tabelle 5.2 listet einige zentrale Eigenschaften von Kennzahlen auf.

Tabelle 5.2 Kennzahlen: zentraler Teil des dSFM

Eigenschaft	Beispiel
Bezeichnung der Kennzahl	Stückzahl
Zuordnung zur Organisationseinheit	Darmstadt - Produktion - Montage - Linie XGF
Zielwert	50
Unterer Grenzwert	45
Datenquelle	Aggregation (Summe)
Aktualisierungsintervall	Schicht

Je nach Ausbaustufe des dSFM lassen sich noch weitere fortgeschrittene Eigenschaften abbilden, wie z. B.:

- Verknüpfung der Kennzahl mit anderen für besseren Kontext (Maschinenverfügbarkeit und Stückzahl)
- Aktualisierungszeitpunkt und -person für direkt im dSFM gepflegte Kennzahlen

Analysekategorien

Es ist wichtig, die später im dSFM erzeugten Abweichungen, Maßnahmen und Problemlösungen auswerten zu können. Dafür können diesen Elementen Eigenschaften zugewiesen werden, die von den Nutzenden auszufüllen sind. Über diese Analysekategorien lassen sich im laufenden Betrieb Live-Auswertungen hinsichtlich Fehlergründe, kritischer Produktgruppen etc. erstellen. Typische Beispiele sind:

- Abweichungskategorie (Sicherheit, Qualität, Kosten ...)
- Störungskategorien (Reinigung, Rüsten, Stillstand ...)
- Produkt bzw. Produktgruppe
- Arbeitsplatz bzw. Maschine
- Kunde bzw. Auftragsnummer

5.3.3.2 Einrichtung des Systems

Nach der Spezifikation kann das dSFM eingerichtet werden. Dieser Schritt ist direkt abhängig von der gewählten Lösung. Grundsätzlich sind Softwareanbieter auf diese Phase gut vorbereitet und können diese schnell (und häufig automatisiert) durchführen. Wird ein dSFM neu erstellt - sei es eine Eigenentwicklung oder durch die Kombination bestehender Software -, so kann das Einrichten der Software anhand der Spezifikation deutlich länger dauern.

5.3.3.3 Anbindung von Datenquellen und angrenzenden Systemen

Die anzubindenden Daten und deren Quellen wurden in der Spezifikation angegeben. Dass das dSFM-System die Schnittstellen des Quellsystems grundsätzlich anbinden kann, wurde bereits über das Lastenheft bei der Systemauswahl sichergestellt. Jetzt muss die Verbindung tatsächlich hergestellt werden. Je nach Betriebsart des Systems und Sicherheitsrichtlinien (technisch und organisatorisch) sind verschiedene Schritte in verschiedenem Umfang notwendig. Häufige notwendige Maßnahmen sind:

- Einrichtung von VPN-Verbindungen zwischen den Servern des Quell- und dSFM-Systems.
- Einstellungen im Quellsystem vornehmen, sodass ein Export erlaubt wird.
- Einstellungen im dSFM-System vornehmen, sodass die Daten in der richtigen Frequenz geladen und am richtigen Ort gespeichert werden.

Die genauen Schritte sind systemspezifisch und sollten zwischen den jeweiligen Systemverantwortlichen direkt abgestimmt werden.

5.3.3.4 Konfiguration der Dashboards

Zum Schluss werden die Dashboards konfiguriert. Mit den nun konfigurierten Inhalten lassen sich auf Dashboards passende Visualisierungen für die Meetingdurchführung umsetzen.

5.3.4 M3: Einsatzfähiges System

Nach der Umsetzung besteht ein einsatzfähiges System mit angebunden Kennzahlen. Die nächste Aufgabe besteht darin, es in die Anwendung zu bringen.

■ 5.4 Einführung

Damit das System in der Breite erfolgreich eingesetzt werden kann, muss es vor Ort bereitgestellt werden und die Nutzenden sind in der Softwareanwendung und gegebenenfalls auch in neuen Prozessen zu schulen. ■

5.4.1 Bereitstellung

Die anwendenden Produktionsbereiche brauchen Zugang zur dSFM-Software. Notwendig sind dafür Bildschirme mit PC und Netzwerkzugang direkt im Produktionsumfeld bzw. am physischen Ort der SFM-Besprechung. Smartboards mit Touchfunktion sind dabei nicht unbedingt notwendig, große Bildschirme mit Funktastatur und -maus auf einem Stehtisch haben sich als effizientestes Mittel erwiesen.

Eine gute Netzwerkverbindung sollte dagegen sorgfältig sichergestellt werden – lange Ladezeiten führen verständlicherweise schnell zu einer Ablehnung des Systems. Dazu gehört die Internetverbindung des Endgeräts, aber auch die Verbindungen zu den angrenzenden Systemen.

5.4.2 Schulungen

Neue Elemente im SFM, z. B. Kennzahlendefinitionen, Problemlösungs- oder Eskalationsprozesse, müssen den Beschäftigten vermittelt werden. Die Software kann hier unterstützen, da sie z. B. die genauen Kennzahldefinitionen einblenden kann.

Damit die Beschäftigten souverän mit der Software umgehen können, sind sie in den Funktionalitäten zu schulen. Anbieter stellen dafür in der Regel Schulungen zur Verfügung. Selbst erstellte Lösungen müssen ebenso selbst geschult werden.

Bei größeren Unternehmen kann der Schulungsaufwand sehr hoch werden. Daher sollte anhand eines dSFM-Piloten die Ausbildung weiterer Know-how-Träger erfolgen, die dann den Roll-out in weitere Teams unterstützen.

Um die Schulungen möglichst effizient zu gestalten, hat sich ein rollenspezifisches Konzept bewährt. Typische Rollen bezogen auf die Softwarenutzung sind:

- Die Administration nimmt Konfigurationen und Anpassungen am dSFM vor. Sie muss also das System vollständig verstehen und auch die Systemeinstellungen bedienen können. Daher ist hier der Schulungsbedarf am größten und die Schulung kann durchaus umfangreich sein (circa ein bis drei Tage).
- Bei der Moderation wird die Fähigkeit benötigt, das Shopfloor-Meeting anzupassen und durchzuführen. Die Moderierenden müssen in der Bedienung des Programms sicher sein und ihren Gestaltungsspielraum kennen (Schulungsaufwand circa 0,5 Tage). Darüber hinaus müssen sie die in diesem Buch beschriebenen Führungs-, Moderations- und Coachingroutinen beherrschen und vorleben, um alle Beteiligten angemessen einzubeziehen, zu motivieren und den digitalen SFM-Prozess nachhaltig zu verankern.
- Die Nutzenden müssen befähigt werden, Daten zu erfassen, Kennzahlen zu interpretieren, Abweichungen zu erkennen und Problembeschreibungen und -lösungen zu erfassen. Dies geschieht üblicherweise durch die Moderation anhand von konkreten Fällen.

Umfang und Zeitpunkt der Schulungen beeinflussen auch die Akzeptanz des Systems. Werden die Nutzenden überfordert oder alleingelassen, können sie das System nicht verwenden und lehnen es in der Folge ab. Dazu gehört die schrittweise Einführung neuer Elemente im SFM, aber auch der Umgang mit dem System selbst. Technische Affinität und Kompetenz im Umgang mit digitalen Systemen wirken sich dabei positiv auf die Nutzungsbereitschaft von dSFM aus. Beschäftigte unter 35 sind mit digitalen Systemen aufgewachsen (Digital Natives) und befürworten diese daher in der Regel. Aber auch ältere Beschäftigte sind spätestens mit der Verbreitung von Smartphones seit 2006 mit digitalen Systemen vertraut. In den Teams oder in der Teamleitung können dennoch Beschäftigte sein, die nicht sicher im Umgang mit Softwaresystemen sind. Damit diese ein dSFM akzeptieren, sollten sie frühzeitig an das System herangeführt werden [30]. Die Erfahrung hat gezeigt, dass auch diese Personen nach einer Eingewöhnungszeit die Vorteile des dSFM schätzen. Teilweise sind sie sogar begeisterter als ein Digital Native, da es für sie eine größere Neuerung darstellt.

5.4.3 M4: Durchgängiges, digitales Shopfloor Management

Mit dem Go-live, also der Produktivschaltung der Software, läuft das SFM in einem System ab, das Kennzahlen, Abweichungen und Probleme sowie die zugehörigen Abstellmaßnahmen durchgängig und logisch entlang der Besprechungskaskade aggregiert und so den SFM-Regelkreis unterstützt.

5.5 Roll-out und kontinuierliche Verbesserung

Um langfristig Erfolg in der Verbesserung des Abweichungsmanagements durch dSFM zu haben, sollte auch das SFM selbst einer kontinuierlichen Verbesserung unterliegen. Und die Softwarefunktionalitäten sollten regelmäßig überprüft und angepasst werden.

5.5.1 Überprüfung der Zielerreichung

Auch nach einem vollständigen Roll-out sollte das dSFM, wie jeder andere Prozess, einem KVP unterliegen. Eine standardisierte Manöverkritik sollte bereits Teil jedes abgeschlossenen PDCA-Zyklus sein. Das Team sollte sich kurz fragen, wie zufrieden es einerseits mit dem Ergebnis eines PDCA-Zyklus ist (Ist das Problem nachhaltig abgestellt?) und wie gut andererseits der SFM-Prozess und die Teamarbeit abgelaufen sind (Was lief gut? Was kann verbessert werden?). Daraus lassen sich – falls notwendig – Anpassungen am SFM-Prozess und gegebenenfalls auch an der Software ableiten.

Über diesen kleinen Verbesserungskreislauf hinaus sollte eine regelmäßige (z. B. jährliche) Überprüfung des SFM-Status stattfinden. Um die Abläufe im dSFM zu bewerten, kann derselbe Fragebogen verwendet werden, der auch für die Standortbestimmung des analogen SFM herangezogen wurde (vgl. Abschnitt 5.2). So kann bestimmt werden, inwiefern sich das SFM methodisch weiterentwickelt hat. Aber auch das Tool und der Umgang mit diesem sollten regelmäßig überprüft werden.

Der angestrebte Zielzustand für das dSFM ist erreicht, wenn Führungskräfte und Mitarbeitende ihre täglichen SFM-Stehungen routiniert mithilfe der Software durchführen und dabei die verfügbaren Vorlagen und Dokumente selbstverständlich verwenden. Der PDCA-Zyklus wird dabei regelmäßig erfolgreich durchlaufen, ohne dass es weiterer Anstöße von außen bedarf. In diesem Zustand sind Führungskräfte und Teamleitung von der Datenbeschaffung und -aufbereitung befreit. Sie erkennen Abweichungen auf der Basis ausgewählter Kennzahlen, die automatisch dargestellt werden und konsistent über die unterschiedlichen Ebenen hinweg miteinander verbunden sind. Dies führt dazu, dass alle Teams auf die gleichen strategischen Ziele ausgerichtet werden. Darüber hinaus können Mitarbeitende und Führungskräfte die frei werdende Zeit für eine nachhaltige Problemlösung verwenden und sich auf die Maßnahmenumsetzung und -nachverfolgung fokussieren.

Die Statusüberprüfung dient dazu, Potenziale in den einzelnen Bereichen sowie Good Practice zu erkennen und Maßnahmen zur weiteren Verbesserung des dSFM zu priorisieren und anzustoßen. Es kann z. B. notwendig sein, methodische Veränderungen vorzunehmen, Kennzahlen neu zu definieren, Abweichungen anders zu priorisieren, Methoden in der Problemlösung anzupassen oder das Führungsverständnis zu überdenken. Diese Veränderungen müssen sich auch in der Software widerspiegeln und führen hier gegebenenfalls zu Anpassungen durch den Anbieter.

5.5.2 M5: Digitales Shopfloor Management als Verbesserungsroutine

„Sie haben Ihr Ziel erreicht!“ – Mit dSFM kann nun die Organisation schneller bessere Entscheidungen treffen sowie Probleme nachhaltiger abstellen und damit die Marktposition auch in wechselhaften Zeiten behaupten bzw. ausbauen.

Die aufgebaute Datengrundlage bietet darüber hinaus weitere Potenziale durch Data Analytics (vgl. Kapitel 7).

6 Einführung von digitalem Shopfloor Management: Erfahrungsberichte

Es wurden zahlreiche Zusammenhänge und Empfehlungen vorgestellt. Diese werden nun anhand von vier Unternehmenseinführungen mit den jeweiligen konkreten Herausforderungen, der Auswahl der dSFM-Systeme sowie den Einführungserfahrungen veranschaulicht.

Den Unternehmen standen die Erkenntnisse dieses Buches samt dem Einführungsvorgehen nicht zur Verfügung. Sie geben ihr Vorgehen und die gemachten Erfahrungen in der Struktur der Einführungsmethode wieder. Ihre Erfahrungen sind in die Gestaltung der Methode eingeflossen.

6.1 Betriebsdatenerfassung und dSFM im Mittelstand: Einführung bei der Filtration Group

Dieser Erfahrungsbericht wurde von Volker Heuser, Head of Operations am Standort Öhringen, verfasst.

Die Filtration Group GmbH mit Stammsitz in Öhringen, Baden-Württemberg, gehört zur Filtration Group Corporation, einer Tochtergesellschaft des US-amerikanischen Konzerns Madison Industries. Die Filtration Group GmbH hat sich auf dem Weltmarkt mit einer enormen Bandbreite an leistungsstarken und innovativen Produkten zur Separation und zur Filtration von Flüssigkeiten, zur Luftreinhaltung sowie Prozessfiltration etabliert. Die Einführung eines dSFM wurde von der Werksleitung aus angestoßen.

Jahresumsatz am Standort: circa 100 Millionen Euro

Mitarbeitende am Standort: circa 400

6.1.1 Vorbereitung

Der Bereich „Operations" hat sich 2021 das Ziel gesetzt, das analoge SFM zu aktualisieren, um das Abweichungsmanagement und die dafür notwendige Transparenz zu verbessern. Dabei wurde schnell bemerkt, dass dieses Ziel analog nicht im erwarteten Umfang erreicht wird. Somit ist der Plan entstanden, eine digitale Version einzuführen, um mit besserer Transparenz und Kommunikation bei geringerem Aufwand die Unternehmenskennzahlen zu verbessern. Der Head of Operations hat dabei die Projektleitung selbst übernommen.

Um eine rasche Implementierung und einen effizienten Start zu gewährleisten, wurde ein Kernteam aus Operations, Logistik, Qualität und IT installiert, welches die Aufgaben zügig und konsequent neben allen anderen anstehenden normalen Aufgaben erledigt hat. Nur so konnte in Zusammenarbeit mit den Dienstleistern der Terminplan gehalten werden. Hilfreich waren kurze Regelkreise.

Stakeholder aus anderen Abteilungen wurden nicht einbezogen. Einige Schnittstellen können daher nicht bedient werden und andere Systeme laufen noch parallel. Zum Beispiel werden weiterhin Maßnahmen im Qualitätsbereich in SAP getrackt, damit alle Unternehmensbereiche durch die Qualität abgedeckt werden können.

6.1.2 Analyse

Ausgangspunkt des Projekts war, dass Kennzahlen nicht durchgängig definiert waren und wir einen sehr hohen Aufwand hatten, diese zu archivieren. Ferner wurde eine lückenhafte Disziplin bei der Durchführung der Shopfloor-Meetings in verschiedenen Bereichen erkannt.

Aus der Analyse der IT-Landschaft hat sich gezeigt, dass die wesentlichen Anrainersysteme SAP und eine Software für das Ideenmanagement und Health/Safety/ Environment-Themen sowie Schulungen sind.

6.1.3 Design

Es sollte mit dem dSFM auch die Methodenkompetenz hinsichtlich der Analyse von Daten verbessert werden. Dafür wurde die Meeting- und Kennzahlenstruktur komplett neu aufgebaut und jedem Meeting wurden neue Kennzahlen zugewiesen. Die größte Veränderung war dabei das Hinzufügen der OEE.

Aus dieser Motivation heraus wurde sich dagegen entschieden, ein System, z.B. aus MS-Teams heraus, selbst zu erstellen.

Mit diesen in einem Lastenheft formulierten Anforderungen sind verschiedene Anbieter für dSFM und MES recherchiert worden. Entschieden hat sich die Filtration Group für das Digital Teamboard von SFM Systems in Kombination mit der Betriebsdatenerfassung von OEE.ai. Damit konnte die gewünschte Transparenz über Prozesse hergestellt und diese in geführten Meetings mit verbindlichem Abweichungsmanagement verbessert werden.

6.1.4 Umsetzung

Bei der Umsetzung war die wesentliche Herausforderung das Einbinden aller beteiligten Bereiche aufgrund der kompletten Neuorganisation der Meetings und deren Inhalte. Um dies zu schaffen, wurden ein straffer Terminplan und ein enger Kostenrahmen vorgegeben und mit Disziplin gut eingehalten.

Die Vorgehensweise, mit einem Piloten zu starten, hat dabei sehr geholfen, die ersten Hürden leicht zu meistern und die Regeln für den Roll-out zu definieren. Schwachstellen konnten somit frühzeitig identifiziert und einfach abgestellt werden.

6.1.5 Einführung

Die Vorbereitungszeit bis zum Go-live des Piloten belief sich auf sechs Wochen und der Roll-out wurde mit circa drei Monaten terminiert.

In dieser Zeit haben wir Schulungen zur Toolnutzung (online und persönlich) von circa zehn Stunden durchgeführt und die notwendige Hardware beschafft. Dazu konnten wir viel bestehende Infrastruktur nutzen und haben nur einige große Bildschirme ergänzt.

Nach den drei Monaten konnten wir zur täglichen Routine übergehen.

Die Installation verlief ohne größere Schwierigkeiten, auch weil beide Systeme in der Cloud gehostet werden. Nur die Anbindung von einigen SAP-Kennzahlen wurde zu Langläufern, daher wurde die Anzahl der angebundenen Kennzahlen reduziert, z. B. wurden einige monatliche Kennzahlen nicht übernommen, da sich der Aufwand für eine monatliche Betrachtung nicht lohnte.

6.1.6 KVP

Im Folgenden wurde in einer dritten Phase eine Implementierung von weiteren Kennzahlen vorgenommen, womit die Ziele der SFM-Reorganisation komplett erreicht werden konnten: Die Transparenz der Zahlen hilft in der täglichen Arbeit und durch die klare Meetingstruktur konnte die Kommunikation deutlich verbessert werden.

6.1.7 Erfahrungen aus der Einführung bei der Filtration Group GmbH

Die Werksleitung bei der Filtration Group sagt im Nachhinein, dass

- es wichtig ist, eine Projektleitung zu haben, die den Fokus bei der Umsetzung und eine klare Struktur hat,
- es wichtig ist, die Kennzahlen sowie deren Grenzwerte klar zu definieren,
- es wichtig ist, die Disziplin über alle Bereiche und Schichten hinweg aufzubauen, und dass
- sie mit der Einführung komplett zufrieden sind.

Dieses Beispiel bestätigt, dass mit methodisch vollständiger dSFM-Software die Reorganisation des dSFM gelingt, um mit weniger Aufwand Prozesse zu bewerten und nachhaltig zu verbessern. Mit einer Personalunion zwischen Head und Operations und Projektleitung kann die Einführung zudem zügig umgesetzt werden.

6.2 dSFM im Großkonzern: Einführung bei der Voith Group

Dieser Bericht wurde von Julia Neubert, Project Leader Excellence, verfasst.

Die Voith Group ist ein weltweit agierender Technologiekonzern. Mit seinem breiten Portfolio aus Anlagen, Produkten, Serviceleistungen und digitalen Anwendungen setzt Voith Maßstäbe in den Märkten Energie, Papier, Rohstoffe sowie Transport und Automotive. Gegründet 1867 ist Voith 2022 mit rund 21 000 Mitarbeitenden in drei Divisionen, 4,8 Milliarden Euro Umsatz und Standorten in über 60 Ländern der Welt eines der großen Familienunternehmen Europas.

Jahresumsatz: 4,8 Milliarden Euro

Anzahl Mitarbeitender: 21 000

6.2.1 Vorbereitung

Die Konzerndivision Voith Turbo hat sich im Jahr 2019 für die Einführung eines dSFM entschieden und dies in den Jahren 2020 bis 2022 an mehreren Standorten eingeführt. Im Jahr 2022 startete die Konzerndivision Paper. Zielsetzung und Hintergrund für die Einführung von digitalen SFM-Tools sind die Implementierung eines modernen Führungssystems und die Schaffung von Transparenz über die Hierarchieebenen hinweg. Dabei soll das dSFM als einheitliche Lösung in allen Werken die Führungskräfte bei der Dokumentation (z. B. Problemlösung), automatisierten Datenaufbereitung (keine Excel-Listen und SAP-Exporte) unterstützen, die Nachverfolgung von lang andauernden Themen (Problemlösungsprozesse und Erfolgskontrolle) erleichtern und den Aufbau einer Wissensbasis ermöglichen. Langfristig soll die Wissensdatenbank die Nutzenden dazu befähigen, aus alten Fehlern zu lernen und KI-Anwendungen bei der nachhaltigen Lösung von Problemen zu unterstützen.

Im Rahmen der Planung und Vorbereitung galt es, verschiedene Stakeholder zu überzeugen und informiert zu halten. Dies geschah in verschiedenen Gremien und Regelrunden (z. B. Operationsgremium, Führungskreis Werk, IT-Projektmeeting, Betriebsratsgremium) in den verschiedenen Fachbereichen sowie Hierarchieebenen. Neben der Einbeziehung der Führungskräfte und Mitarbeitenden der Werke wurde insbesondere auf die Stakeholder im Bereich IT (Systemanbindung und Infrastruktur) und die frühzeitige Einbindung des Betriebsrats geachtet. Die Gesamtprojektleitung lag im OPEX-Team und wurde durch eine eigene IT-Projektleitung unterstützt.

Die geplante Einführung wurde von verschiedenen Stakeholdern sehr unterschiedlich aufgenommen. Von viel Begeisterung und einer Vorfreude auf die Chancen der Digitalisierung bis hin zu Skepsis und Ängsten. So gab es Digitalisierungsfans, die die Vorteile und Chancen einer digitalen Lösung gesehen haben. Es gab die skeptischen Personen, die den Mehrwert hinterfragt haben mit dem Verweis „es klappt doch heute auch schon gut“. Und schließlich auch die Verweigernden, die zu hohe Aufwände für einen nicht quantifizierbaren Nutzen gesehen haben. Diese konnten teilweise im Vorhinein durch kontinuierliche Kommunikation, teilweise aber auch erst im Laufe der Umsetzung und nach einiger Zeit abgebaut werden.

Gerade im Falle einer geplanten direkten Datenanbindung hat sich gezeigt, dass eine frühzeitige Einbindung der IT entscheidend ist.

6.2.2 Analyse

In Vorbereitung auf die Einführung wurden die bestehenden SFM-Prozesse mittels eines selbst entwickelten Assessmentbogens auditiert. Nach circa zehn Jahren analogem SFM hat sich ein inhomogenes Bild gezeigt: Viele Bereiche zeigten einen guten Reifegrad, wohingegen sich bei einzelnen Runden Nachlässigkeiten über die Zeit eingeschlichen hatten. Aus diesem Grund wurden für den Roll-out eine intensive Vor-Ort-Betreuung an den SFM-Boards und gezielte Methodenauffrischungen eingeplant, da eine Einführung ohne eine breite Basis bezüglich des Methodenwissens und der entsprechenden Führungskultur nicht Erfolg versprechend schien. Für Voith kann ein digitales Tool lediglich den analogen Prozess unterstützen, jedoch niemals eine fehlende Kultur und Präsenz auf dem Shopfloor kompensieren.

Parallel zur Auditierung der SFM-Prozesse fanden der Aufbau der IT-Infrastruktur und die Anbindung der IT-Systeme, SAP und im weiteren Projektverlauf die Einbindung bestehender Visualisierungen via iFrame statt. Für die Hardwarebeschaffung wurde ein Standard mit mehreren Optionen zentral definiert, dieser im IT-Warenkorb hinterlegt und die Beschaffung durch die Werke selbst ausgeführt. Die bestehenden Shopfloor-Ecken wurden überwiegend mit 65-Zoll-Bildschirmen mit Maus und Tastatur ausgestattet. In einzelnen Shopfloor-Ecken kommt ein 65- bzw. 75-Zoll-Touchbildschirm zum Einsatz.

6.2.3 Design

Im Rahmen der Vorbereitungen wurden insbesondere die Kennzahlenkaskade und die dazugehörigen Aggregations- und Eskalationsregeln diskutiert, nachgeschärft und teilweise neu definiert. Diese Diskussion hat darin unterstützt, das gemeinsame SFM-Verständnis zu fokussieren und die über die Jahre entstandenen Unschärfen zu entdecken sowie gemeinsam, wo immer nötig, nachzuschärfen.

Neben Diskussionen zur einheitlichen Dauer und Uhrzeit von Shopfloor-Meetings mussten auch Prozesse und Regeln nachgeschärft werden (was passiert wann bei Abweichungen). Dabei haben technische Rahmenbedingungen (eine automatische Aggregation erfordert sämtliche Daten der darunterliegenden Ebenen) die Regelmäßigkeit der Shopfloor-Meetings vorgegeben und erhöht.

Für Voith war von Anfang an klar, dass sie keine selbst programmierte Lösung implementieren wollen, sondern auf einen Standard setzen, der stetig weiterentwickelt und von verschiedenen Firmen genutzt wird. Dabei waren für die Entscheidung insbesondere die Nutzerfreundlichkeit, die einfache Systemanbindung und die stetige Weiterentwicklung des Tools ausschlaggebende Kriterien. Nach dem Test mehrerer Systeme wurde sich für das Digital Teamboard von SFM Systems entschieden.

6.2.4 Umsetzung

Bei der Umsetzung galt es, einige Herausforderungen zu adressieren. Die „Nicht-Technik-Affinen" zu überzeugen, bedurfte einer intensiven Betreuung der Einführung von Anfang an. Auch wenn das System gut anpassbar ist, so sehen beispielsweise die Problemlösungstemplates anders aus als bisher gewohnt.

Diese Themen wurden zum einen durch eine intensive Vor-Ort-Betreuung in der Anlaufphase adressiert und die Projektleitung stand den Nutzenden mit Rat und Tat zur Seite. Zum anderen wurde beispielsweise für die Änderungen im Problemlösungstemplate eine bebilderte Schritt-für-Schritt-Anleitung zur Verfügung gestellt und die Benutzung anhand von Beispielen trainiert.

Bei der Installation der Software gab es keine Schwierigkeiten. Um jedoch einen möglichst sanften Umstieg zu ermöglichen, erfolgte der Umbau der SFM-Ecken, d. h. die Integration der Hardware, erst nach der Installation und Konfiguration der Software.

Zur Konfiguration zählte auch die automatische Anbindung von Kennzahlen. Dabei war es wichtig, eine Datenvalidierung vorzunehmen und Berechnungen und Aggregationsregeln, wie z. B. im Umgang mit Feiertagen und spontanen Wochenendschichten, vorab zu testen.

6.2.5 Einführung

Im Rahmen der Einführung hat Voith auf ein zweistufiges Schulungskonzept aus Theorie und Praxis gesetzt. Zum einen wurden alle Key-User und für die Moderation Verantwortliche mittels der Schulungsplattform von SFM Systems mit den Funktionen des Tools vertraut gemacht (circa zwei bis vier Stunden je nach Rolle). Zum anderen fand im Rahmen des Roll-outs eine intensive Vor-Ort-Betreuung der SFM-Besprechungen durch das Projektteam statt, sodass die Nutzenden jederzeit Unterstützung erhalten haben, sofern sie diese benötigten. Vom ersten Testbetrieb in Pilotbereichen (circa vier Wochen in zwei SFM-Runden) bis zum vollständigen Roll-out in allen direkten Bereichen hat die Einführung circa drei Monate pro Werk (ohne Vorbereitungsphase) in Anspruch genommen. Im Nachgang wurden kleinere Anpassungen umgesetzt und einzelne SFM-Runden in indirekten Bereichen angebunden. Durch die kontinuierliche Einbindung der Nutzenden in die Verbesserung und Weiterentwicklung des Tools hat das Tool eine hohe Akzeptanz und ist fest in den Alltag integriert.

6.2.6 KVP

Einige Ziele konnten noch nicht vollständig erreicht werden: Hinsichtlich der Transparenz und der Unterstützung der Nutzenden ist Voith äußerst zufrieden und diese erhalten auch positives Feedback aus der Organisation. Jedoch lässt sich dieses Ziel, geschweige denn die damit verbundenen Auswirkungen, insbesondere die Auswirkungen auf die Problemlösung, schwer quantifizieren. In Bezug auf das Wissensmanagement ist Voith zufrieden mit dem aktuellen Stand und hat damit die Basis für weitere Anwendungen gelegt. Auch die „Zettelwirtschaft“ und das damit verbundene Risiko des Informationsverlusts gehören der Vergangenheit an.

Das Feedback aus der Organisation wird gemeinsam mit SFM-Systems zur Weiterentwicklung der Software genutzt.

6.2.7 Erfahrungen aus der Einführung bei der Voith Group

Voith ist mit der Entscheidung für ein digitales Tool zur Unterstützung des SFM sehr zufrieden. Es hat sich gezeigt, dass es für eine erfolgreiche Einführung wichtig ist,

- das Onboarding intensiv zu unterstützen,
- damit auftretende Probleme und Unklarheiten schnell behoben werden und
- erst gar nicht zu Vorbehalten oder gar einer Abwehrhaltung führen.

Je reibungsloser das System am Tag null funktioniert, umso höher die Akzeptanz.

Digitale Tools zwingen die Organisation darüber hinaus dazu, Regeln, Kennzahlen und Abläufe klar zu definieren. Diese notwendigen Diskussionen gehören dazu und schärfen das gemeinsame Verständnis. Dabei erleichtert eine gut verstandene SFM-Methodik die Einführung.

Voith kann die Einführung eines digitalen SFM zur Unterstützung des SFM empfehlen, muss aber gleichzeitig darauf hinweisen, dass es sich ausschließlich um eine Unterstützung handeln kann und keinesfalls eine gezielte Methodeneinführung, eine gelebte Lean-Kultur und ein stetiges „Dranbleiben“ ersetzen kann.

Im Gegensatz zu der viel kleineren Einführung bei der Filtration Group zeigt sich bei Voith die größere Bedeutung des Stakeholdermanagements. Dieses nimmt in der Konzernstruktur in der Vorbereitungs- und Designphase deutlich mehr Zeit ein.

6.3 Digitales Abweichungsmanagement im Großunternehmen: Einführung bei der Pilatus Flugzeugwerke AG

Dieser Erfahrungsbericht wurde von Luca De Simoni, Product Owner, verfasst.

Die 1939 gegründete Schweizer Pilatus Flugzeugwerke AG entwickelt und baut weltweit einzigartige Flugzeuge: vom legendären PC-12, das meistverkaufte einmotorige Turbopropflugzeug seiner Klasse, bis hin zum PC-7 MKX und PC-21, den dazugehörigen Simulatoren und den marktführenden Trainingssystemen für die Pilotenausbildung. Der brandneue PC-24 ist der weltweit erste Businessjet, der auf kurzen Naturpisten operieren kann. Das Pilatus-Team besteht aus über 2500 engagierten Mitarbeitenden, die das Unternehmen mit Hauptsitz in Stans zu einem der größten und innovativsten Arbeitgeber der Zentralschweiz machen. Selbständige Tochtergesellschaften in den USA und in Australien gehören ebenfalls zur Pilatus-Gruppe. Das Unternehmen bildet über 140 Lernende in unterschiedlichen Lehrberufen aus - die Förderung von jungen Berufsleuten hat einen hohen Stellenwert. Pilatus setzt immer konsequent auf den Denk- und Werkplatz Schweiz und agiert nachhaltig und umweltbewusst in allen Tätigkeiten. Insbesondere werden auch innovative Ansätze zur Steigerung der Wettbewerbsfähigkeit vorangetrieben und gesamtheitliche Lösungen für die Produktion entwickelt.

Jahresumsatz: 1,347 Milliarden Schweizer Franken (2022), 226 Millionen EBIT (2022). Die gute Marktposition erlaubt mittelfristig starkes Wachstum mit dem Ziel der erweiterten Marktführerschaft.

Anzahl Mitarbeitender: 2599, circa 2300 in Vollzeit (2022), davon ein Großteil in Stans

6.3.1 Vorbereitung

Ziel des Projekts „Task-Management-System“ war die Einführung einer abteilungsübergreifenden Lösung zur Erstellung, Bearbeitung und Nachverfolgung von Aufgaben und Maßnahmen im Tagesgeschäft. Dabei sollten bestehende Komponenten, analoge Methoden und neue digitale Lösungen sinnvoll kombiniert werden.

Im Projekt wurden die folgenden Stakeholder einbezogen:

- Information Technology (IT): Definition der Rahmenbedingungen und technische Evaluation der Möglichkeiten
- Operations-Leads (Fertigung, Montage, Logistik und Supply Chain): Projektsponsoring und Entscheidungsgremium

- Lean Manager aus den Operations-Units: Koordination und methodischer Input sowie Koordination mit dem allgemeinen Roll-out
- Teamleitungen und weitere Führungskräfte: ausgewählte Teamleitungen zur Verifizierung der implementierten Maßnahmen sowie Auftreten als Key-User.

Zur Einbindung der Stakeholder wurden direkt diverse „Mini-Piloten“ zur Evaluierung der Nutzeranforderungen umgesetzt, unter anderem mit Atlassian Trello, Atlassian Jira, hybrider Shopfloor, Microsoft Teams sowie einer dedizierten digitalen Shopfloor-Lösung. Im Anschluss daran wurde zusammen mit den Units (Fertigung, Montage, Logistik und Supply Chain) ein Konzept zur Digitalisierung des Shopfloors erarbeitet und in regelmäßig stattfindenden Lenkungsausschüssen mit den Operations-Leads verifiziert.

Dabei konnte man teils eine sehr schnelle Adaption beobachten. In anderen Bereichen herrschte Skepsis, jedoch vor allem gegenüber der Methodik, viel weniger gegenüber der Digitalisierung. Das lässt sich auch darauf zurückführen, dass Shopfloor Management bei Pilatus noch neu ist. So waren sowohl Methodik als auch die digitale Transformation Neuland für viele Bereiche und Stakeholder.

Seitens der Stakeholder wurden sämtliche wichtigen Akteure mitgenommen. Jedoch haben einzelne Teamleader und deren Shopfloor-Teams, die bereits länger bestanden, Zeit für den Wandel und die Anpassung gebraucht. Teilweise sind die Initiativen rund um das Thema Shopfloor Management nicht durchdringend vorangetrieben worden.

Einerseits sollte ein gesamtheitliches Verständnis von Shopfloor Management in der Firma Pilatus etabliert werden, andererseits digitale Hilfsmittel zur Harmonisierung von Kommunikation und Aufgabenmanagement verwendet werden. Dabei wurden die folgenden methodischen und prozessualen Ziele definiert:

Vernetzung über die drei Business Units Fertigung, Montage, Supply Chain ist etabliert („Kommunikation auf Augenhöhe“):

- Verkürzte Reaktionszeiten auf Probleme
- Etablierter, bereichsübergreifender Problemlösungsprozess
- Shopfloor Management-Standards sind definiert und werden gelebt
- Produktionsmeetings sind durch Shopfloor-Meetings abgelöst
- Cross-funktionale Teams aus verschiedenen Abteilungen arbeiten am Shopfloor (vernetzt)
- Verantwortlichkeiten sind definiert.

Besonders in Hinblick auf die Digitalisierung sollten folgende Ziele erreicht werden:

- Einheitlich definiertes Hardware-Set-up für Shopfloor-Teams und -Inseln
- Informationen sind in Echtzeit auf dem Shopfloor vorhanden

- Standardisierte Key Performance Indicators (KPIs) werden automatisiert aufbereitet und digital dargestellt
- Datenbasierte Entscheidungen sind ermöglicht

6.3.2 Analyse

Durch eine Soll-Ist-Analyse mit Schwerpunkt auf „Pain, Gain, Win" (Probleme, Potenziale, bereits gut umgesetzt) wurde das bestehende Shopfloor Management analysiert. Zudem wurden Ursachenanalysen zu den Hauptproblemen betrieben und wurde abschließend ein detailliertes Anforderungsheft erstellt. Ergänzend wurde ein externer Partner zur Konzepterstellung und Roadmap-Definition hinzugezogen.

Diverse Kernsysteme sind bei Pilatus bereits im Einsatz und erfordern eine Integration in den Shopfloor-Prozess. Dabei wurden die folgenden Kernsysteme identifiziert, die bei Pilatus direkt oder indirekt Teil des Shopfloor Managements sind:

- SAP
- Teamcenter
- Excel
- IoT-Maschinendaten (Azure)
- Qlik Sense Dashboards
- Microsoft 365
- weitere, eigenentwickelte Applikationen

Es sollten nicht alle Systeme direkt ins Shopfloor Management integriert werden, sondern situativ in die Shopfloor-Methodik einbezogen werden. Eine große Herausforderung war die sehr heterogene Systemlandschaft mit vielen Medienbrüchen, die durch die langjährige Produktionstradition und die hohe Spezialisierung von Pilatus stetig erweitert wurde. Dadurch sind viele Insellösungen mit teilweise gegensätzlichen Prinzipien entstanden. Erschwerend hinzu kam die fehlende Erfahrung im Bereich Shopfloor Management. Andererseits konnte Pilatus durch die vorhandenen Systemlösungen bereits in einigen Bereichen einen Mehrwert früher realisieren und so einem durchgängigen Shopfloor-System vorgreifen.

6.3.3 Design

Alle Shopfloor Management-Prinzipien mussten erstmals etabliert und durch externe Referenzen geformt werden. Die Kennzahlenstruktur wurde initial mit internen und externen Experten pro Business Unit definiert. Dabei sollte ein einheitliches Kennzahlen-Framework mit den fünf Kernzielgrößen (Sicherheit, Personal, Ablieferung, Qualität, Kosten) erarbeitet werden, das durchgängige Kennzahlen über alle drei Produktionsunits und die verschiedenen Shopfloor-Levels ermöglicht.

Mithilfe der digitalen Komponenten konnten Prozessflüsse und Abläufe innerhalb der Shopfloor Management-Methodik massiv verbessert und skaliert angewendet werden. Die erhöhte Transparenz durch einheitliche Messgrößen hat dabei klar aufgezeigt, wo Handlungsbedarf besteht.

Durch einen regen Austausch mit Industriepartnern wurden viele verschiedene Systeme in Betracht gezogen. Diese wurden mit den Pilatus-Anforderungen und -Bedürfnissen abgeglichen und die Auswahl wurde eingeschränkt. Letztendlich stellte sich heraus, dass die Hauptentscheidung zuallererst zwischen Make und Buy getroffen werden musste. In der engeren Auswahl standen:

- Microsoft 365 (Teams, Sharepoint, List, Planner)
- Atlassian-Produkte im Zusammenspiel mit vorhandenen Komponenten (unter anderem Jira)
- dedizierte Shopfloor Management-Software

Bei der Auswahl waren schließlich folgende Funktionalitäten ausschlaggebend für die Entscheidung:

- Bestehende Plattformlösungen, die teilweise bereits Shopfloor-Funktionalitäten geboten haben
- Low-Coding-Ansatz bestehend auf bekannten Technologien
- Wiederverwendbarkeit von existierenden Methoden und Nutzung bestehender Ressourcen

Die Entscheidung fiel auf eine hybride Shopfloor-Lösung mit der Nutzung von bestehender Software (Jira) und unter Einbezug von lokalen, eigenen Entwicklungen. Diese wurde über ein standardisiertes Hardware-Framework an den Shopfloor gebracht. Durch den breiten Einsatz von Jira im Engineering, der Kundeninteraktion, der Nachverfolgung von Logistikinformationen sowie fürs Projektmanagement konnten die Shopfloor-Probleme und -Maßnahmen ideal integriert werden.

6.3.4 Umsetzung

Eine der Herausforderungen bei der Umsetzung war die Findung passender Hardware zur Interaktion der Nutzenden mit der Software. Diese musste konform zu den Pilatus Anforderungen sein und andererseits auch eine möglichst gute Durchdringung in der Organisation erreichen. In den Business Units wurden durch die Shopfloor Management-Verantwortlichen initiale Bereiche begleitet und danach kontinuierlich als Blueprint erweitert.

Positiv hervorzuheben in der Umsetzung war die Zusammenarbeit im Team. Dieses war aus verschiedenen Business Units zusammengestellt, sodass das Projekt von der Expertise der unterschiedlichen Abteilungen profitierte. Gemeinsam gelangen eine erfolgreiche Definition und Realisierung der Umsetzungs-Roadmap. In regelmäßigen Abstimmungen zwischen IT, Business und dem externen Partner wurden der Fortschritt und die Umsetzungsrisiken diskutiert. Dabei konnten einige Punkte der Roadmap für nachfolgende Initiativen zur Grundlagenschaffung von Kerntechnologien wie einem Data Warehouse oder einer IoT-Plattform verwendet werden.

Schließlich konnten für ein erfolgreiches digitales Task-Management die bestehenden Workflows modifiziert werden, was auch von den Business Units angenommen wurde.

6.3.5 Einführung

Die Einführung des Piloten im Pilotbereich war nach wenigen Wochen abgeschlossen. Die anschließende Schulung einer Unit zum digitalen Shopfloor Management dauerte circa acht Monate. Die tatsächliche Einführung mit einer breitflächigen Ausrollung innerhalb der Organisation dauerte mehrere Jahre. Insbesondere das Verständnis für die Shopfloor-Methodik zu schulen und nachhaltig zu verankern benötigte Zeit.

Als Hardware wurden 55-Zoll-Full-HD-Touchscreens ausgewählt und mit Intel-Mini-PCs kombiniert. Auf diesen modifizierten Windows-10-Maschinen wurde eine Digital-Signage-Software zur Einbindung von Webapplikationen eingesetzt. So konnte das digitale Task-Management-System einfach in die Shopfloor-Meetings integriert werden und konnten zusammen mit der Digital-Signage-Lösung auch weitere Informationen wie Unternehmensnews kommuniziert werden.

Eine wichtige Anforderung war die möglichst einfache Nutzerauthentifizierung an den Bildschirmen. Dies war zu Beginn durch interne Vorgaben (Policies) und Systemeinschränkungen schwierig. Durch eine konsequente Umsetzung von Single Sign-on (SSO) und die Zuordnung von Nutzenden an den Shopfloor konnte das gelöst werden. Durch den laufenden Roll-out war auch die Lizenzierung von neuen Mitarbeitenden eine Herausforderung. Zudem sind durch die verschiedenen weiteren genutzten Systeme diverse Berechtigungen notwendig gewesen, die jeweils koordiniert ausgelöst werden müssen, um Vollzugriff auf alle Informationen zu erhalten.

Bei der Anbindung von Datenquellen und Kennzahlen traf das Projekt auf eine sehr heterogene Systemlandschaft. Dies erzeugte gerade zu Beginn einen höheren Aufwand als ursprünglich erwartet.

Uneinheitliche Definitionen von Prozessen erschwerten das Umsetzen im digitalen Task-Management, insbesondere das Harmonisieren von Workflows. Auch bereits bestehende Dashboards konnten nicht einfach für die neu entstandenen Shopfloor-Levels eingesetzt werden. Im Sinne von Prozess vor Digitalisierung sollten im Allgemeinen firmenweite Grundvoraussetzungen geschaffen werden, um die Transformation Schritt für Schritt und nicht als großen Ruck zu gestalten.

6.3.6 KVP

Schließlich konnten zum Ende des Projekts viele der Ziele erreicht werden. So wurde ein abteilungsübergreifendes Task-Management-System etabliert, in dem Aufgaben, Maßnahmen und Verbesserungsvorschläge digital verwaltet werden können. Dieses System sorgt nun auch für einen durchgängigen Informationsfluss von der Linie bis hoch ins Management und auch zu Units außerhalb von Operations.

Es ist im Rahmen des Projekts gelungen, die Workflow-Struktur zu harmonisieren und zu vereinheitlichen. Die Erfassung und Weiterverarbeitung von Aufgaben erfolgen nun in allen umgesetzten Bereichen gleich. Die Nutzung des digitalen Task-Management-Systems geschieht nun in allen Bereichen über eine standardisierte Hardware. Und in diesem Zuge wurde eine flexible Visualisierungslösung für sämtliche Webapplikationen geschaffen. Durch individuelle Reifegrade und spezifische Anforderungen erlaubt der hybride Shopfloor flexible Digitalisierungsgrade und ein rasches Onboarding durch das Zusammenspiel mit digitalen Komponenten.

Im Projekt noch nicht erreicht werden konnte eine vollständig digitale Shopfloor Management-Lösung über die gesamte Pilatus-Organisation hinweg. Eine finale Entscheidung für eine solche Lösung steht noch aus. Auch fehlt noch ein einheitliches, digitales Kennzahlen-Framework, das von der Basis bis zum Topmanagement durchgängig gelebt wird. Dazu müssten auch erst noch mal sämtliche Stammdaten in den Kernsystemen bereinigt werden.

6.3.7 Erfahrungen aus der Einführung bei Pilatus

Für eine erfolgreiche Umsetzung eines digitalen Task-Management-Systems braucht es eine zentrale Koordinationsstelle für das Projekt. Gerade wenn die Organisation, wie bei Pilatus, in mehrere Geschäftsbereiche für Fertigung, Montage und Logistik unterteilt ist, ist eine zentrale Projektkoordination entscheidend. Weil Grundlagen erst mit der Digitalisierung erarbeitet wurden, mussten auch die Roadmap und die Umsetzungsgeschwindigkeit regelmäßig neu beurteilt werden. Zudem soll der Leitstern in Form eines zentralen Kennzahlen-Frameworks zu Beginn bekannt sein, auch weil die Zielsetzungen maßgeblich davon abhängen.

Die Einführung von dSFM ist ein Change-Prozess, der insbesondere bei wenigen Grundlagen zum Shopfloor Management lange andauern kann und eine hohe Durchgängigkeit vom Topmanagement zum Mitarbeitenden bedingt. Bestehende IT-Systemlandschaften und Kundennutzen sollen sinnvoll integriert und erst nach und nach abgelöst werden.

Darüber hinaus ist die Management Attention von Beginn an hochzuhalten. Die Wichtigkeit muss der Geschäftsführung bekannt sein und akzeptiert werden. Die strategischen Eckpfeiler und die Ausrichtung des Projekts sind vorgängig zu definieren und regelmäßig zu reviewen. Für eine vollständige digitale Transformation sollte die Methodenkompetenz bereits etabliert sein und sollten die Stammdaten zur durchgängigen Nutzung der Datenquellen und angrenzenden Systeme harmonisiert sein. Erst dann kann der hybride Shopfloor sinnvoll digital abgelöst werden.

Pilatus hat in diesem Bereich im Gegensatz zu den ersten beiden Beispielen keine dSFM-Software, sondern zunächst ein digitales Task-Management eingeführt. Damit konnten einige Ziele erreicht werden, aber auch hier sind Lizenzkosten und Integrationsaufwände entstanden. Ohne das Kennzahlen-Framework und dessen Integration ins SFM fehlt jedoch die wichtige Datengrundlage für faktenbasierte Priorisierungen. Ohne die Steuerung durch das Topmanagement ist es darüber hinaus bis jetzt nicht gelungen, die Units vollständig miteinander zu harmonisieren. ▪

▪ 6.4 Digitales Abweichungsmanagement im KMU: Einführung bei der Munsch Chemie-Pumpen GmbH

Dieser Erfahrungsbericht wurde von Stefan Munsch, Geschäftsführer, und Oliver Herz, Leiter der Anwendungsentwicklung, verfasst.

Die familiengeführte Munsch Chemie-Pumpen GmbH ist Spezialist für das Fördern von hochkorrosiven und aggressiven Flüssigkeiten. Das für Mensch und Umwelt sichere Fördern und die Energieeffizienz sind Kernkompetenzen des Unternehmens. Die Spezialpumpen sind individuell und variantenreich: Durch einen Exportanteil von 80 % werden neben spezifischen Kundenwünschen auch regional unterschiedliche Normen bedient. Um den derzeitigen Prozess des Abweichungsmanagements zu verbessern und in Zukunft eine nachhaltige Problemlösung zu erreichen, entschied sich das Unternehmen für ein digitales Störmeldesystem anstelle der papierbasierten Störmeldekarte.

Jahresumsatz: 25 Millionen Euro

Anzahl Mitarbeitender: 125 ▪

6.4.1 Vorbereitung

Innovation ist seit jeher ein zentraler Antrieb für die Weiterentwicklung der Firma Munsch. Digitalisierung ist dabei ein zentraler Enabler, um die Innovationsfähigkeit des Unternehmens zu stärken. Im Rahmen der digitalen Transformation des Unternehmens war es daher maßgeblich, den traditionellen papierbasierten Störmeldeprozess durch ein digitales System zu ersetzen. Damit wurde das Ziel gesetzt, das bisherige Abweichungsmanagement zu verbessern und einen nachhaltigen Problemlösungsprozess zu etablieren. Zunächst wollte Munsch sich einen umfassenderen Überblick über die Abweichungen verschaffen, um sich damit auf die wichtigsten Probleme zu konzentrieren und Zeit in die Ursachenanalyse investieren zu können. Auf diese Weise konnten langfristige Maßnahmen festgelegt werden, um das Wiederauftreten ähnlicher Probleme zu vermeiden. Dabei wurden historische Maßnahmen dokumentiert und wurde schrittweise eine Wissensdatenbank aufgebaut, die bei der Beseitigung zukünftiger Abweichungen nützlich ist.

Während des Vorbereitungsprozesses wurden fast alle relevanten Stakeholder einbezogen. Zu Beginn war es erforderlich, mit allen Mitarbeitenden und Führungskräften aus der Fertigung der gesamten Fertigung zu sprechen, die für das Bearbeiten und Erstellen der Störmeldekarten verantwortlich sind. Somit konnte herausgefunden werden, was im Störmeldeprozess vor sich ging und welche Herausforderungen bestanden. Auch die IT-Abteilung spielte bei diesem Projekt eine sehr große Rolle, da sie einen guten Überblick über die relevanten Systeme und die Informationsflüsse hatte. Außerdem nimmt die Geschäftsführung des Unternehmens ebenfalls einen hohen Stellenwert bei der Motivation der Mitarbeitenden ein, den Wandel der Digitalisierung voranzutreiben. Die Einbindung der Stakeholder aus verschiedenen Bereichen variierte je nach Bereich. Entscheidend war, inwiefern die Mitarbeitenden mit der Bedeutung eines guten Abweichungsmanagement- und Problemlösungsprozesses vertraut waren.

6.4.2 Analyse

Das ursprüngliche Störmeldesystem im Unternehmen bestand aus einer Störmeldekarte auf Papier. Mit dem analogen Prozess gab es mehrere Probleme:

- Die Ersteller der Karten erhielten nach der Beseitigung der Abweichungen keine angemessenen Rückmeldungen. Dies beeinträchtige ihre Motivation, weitere Störmeldekarten zu erstellen.
- Die papierbasierten Störmeldekarten gingen beim Transport in der Fertigung leicht verloren. Auch die Bearbeitungsberechtigungen der Karten waren schwer zu verwalten.

- Die Managementebene konnte sich kaum einen Überblick über die in der letzten Zeit aufgetretenen Abweichungen verschaffen. Dies erschwerte die Planung der Ressourcen für einen systematischen Problemlösungsprozess.
- Es gab keine Standarddokumentation der Störmeldekarten. Daher war es schwierig, die Maßnahmen, die bereits in den Störmeldekarten enthalten waren, zur Lösung der neu auftretenden Abweichungen zu nutzen.

Nach der Analyse stieg die Überzeugung weiter, dass die Digitalisierung ein geeigneter Weg ist, um die gesetzten Ziele zu erreichen, weil sie genau die oben genannten Probleme beseitigen kann. Die digitale Störmeldekarte sollte im System dokumentiert, den Verantwortlichen zugeordnet oder an verschiedene Abteilungen weitergegeben werden. Der Fortschritt der Karte, wie z. B. Neuanpassungen und Rückmeldungen, wäre jederzeit überprüfbar. Und mit den Daten könnte ein Dashboard für die Managementebene entwickelt werden, das es ermöglicht, die Abweichungen zu verfolgen und sogar die Abweichungen in der Vergangenheit zu clustern.

6.4.3 Design

Bei Munsch existierten bereits standardisierte Abweichungsmanagement- und Problemlösungsprozesse, die über Jahre hinweg optimiert wurden. Auch die Mitarbeitenden über alle Ebenen sind mit diesen Prozessen sehr vertraut. Daher wurden nach einer Analyse mit den verschiedenen Stakeholdern die bestehenden Prozesse nicht verändert, sondern die bisherigen analogen Prozesse digital nachgebildet, um die Transparenz des Abweichungsmanagements zu erhöhen. Die wichtigsten Anforderungen an das digitale System wurden wie folgt definiert:

- Die Mitarbeitenden sollten die Möglichkeit haben, die Abweichungen direkt während des Produktionsprozesses zu erfassen. Die auf der Störmeldekarte gespeicherten Informationen sollten auch die Stammdaten aus dem ERP-System enthalten, wie z. B. Auftrag und Arbeitsgang, sodass mehr Zeit für die Durchführung der Maßnahme gewonnen werden kann.
- Leichte Bedienbarkeit, Interoperabilität und kein Medienbruch.
- Kosten: Egal ob „Make or Buy", es musste der Aufwand geleistet werden, den gesamten Prozess zu analysieren, die Stakeholder einzubinden, die Kennzahlen zu definieren und die Schnittstellen zu programmieren. Es stellte sich also nur die Frage, ob es kostengünstiger ist, die Software selbst zu entwickeln, als fertige Software zu kaufen.

Am Ende standen zwei Möglichkeiten für die Umsetzung zur Verfügung: ein kommerzielles Produkt bei einem Fremdanbieter oder die Selbstentwicklung des Systems. Nach einer Abwägung kam Munsch zu dem Schluss, dass die Entwicklung eines eigenen Systems die drei genannten Anforderungen besser erfüllen würde. Es wurde daher beschlossen, ein eigens entwickeltes digitales Störmeldesystem in das bestehende ERP-System zu integrieren.

6.4.4 Umsetzung

Der gesamte Umsetzungsprozess verlief recht reibungslos. Es hat zwei Wochen beansprucht, das konzipierte digitale Störmeldesystem in das bestehende ERP-System zu integrieren.

6.4.5 Einführung

Die Schulung für das System wurde von der IT-Abteilung durchgeführt. Die Entwicklungsmitarbeitenden waren für die Schulung verantwortlich. Es dauerte acht bis zwölf Wochen, bis das System fehlerfrei in der täglichen Produktion eingesetzt wurde. Während dieser Zeit wurden die Systemfehler immer kurzfristig (innerhalb von einer Woche) abgestellt und die Rückmeldungen der Mitarbeitenden gesammelt. Anhand der Rückmeldungen wurde das System schrittweise angepasst, um eine effizientere Nutzung zu erreichen. Die einzige Schwierigkeit bestand darin, dass sich die Mitarbeitenden an den neuen digitalen Workflow gewöhnen mussten. Nach der Umstellung von analogen auf digitale Störmeldekarten wurde der gesamte Prozess von der Aufnahme bis zur Bearbeitung im System durchgeführt, was ganz anders war als zuvor. Das Gute war, dass die Akzeptanz bei den Mitarbeitenden sehr hoch war, denn die Mitarbeitenden sind bereits mit dem Frontend des ERP-Systems vertraut, weshalb sie von Anfang an gut in das Projekt eingebunden wurden.

Um den Status der digitalen Störmeldekarten zu verfolgen, wurde ein leistungsfähiges BI-Dashboard für die Managementebene neu gestaltet, das den Status aller Störmeldekarten in visuellen Diagrammen darstellt. Mit dem BI-Dashboard können die Störmeldekarten auch nach Kategorien wie Bereich oder Datum gefiltert werden. Darüber hinaus wurden einige Kennzahlen festgelegt, wie z. B. offene Karten in einem Bereich. Wenn die offenen Karten den festgelegten Grenzwert überschreiten, muss der Verantwortliche des Bereichs zeitnah Maßnahmen ergreifen.

Wir haben während der Einführung keine zusätzliche Hardware gekauft. Für den digitalen Störmeldeprozess werden an jedem Produktionsprozess Terminals benötigt, mit denen die Mitarbeitenden die digitale Störmeldekarte direkt während des Produktionsprozesses ausfüllen können. Das BI-Dashboard kann auch über den Arbeitslaptop erreicht werden.

6.4.6 KVP

Munsch ist äußerst zufrieden mit dem digitalen Störmeldesystem, da es durch dessen Einsatz zu einer besseren Transparenz bezüglich Abweichungen vom Shopfloor bis zum Management gekommen ist. Ab sofort werden Abweichungen auf dem Shopfloor direkt von einem Mitarbeitenden im Störmeldesystem dokumentiert. Die digitalen Störmeldekarten werden an die Managementebene übermittelt, wo die Verantwortlichkeiten zugewiesen werden können. Zudem ermöglichen die BI-Dashboards die Analyse von aufgetretenen Abweichungen. In dem nächsten Schritt wird dieses System auch in anderen Schnittstellenabteilungen ausgerollt, um weitere Abweichungen zu integrieren. Mit einer besseren Datenbasis können mittelfristig Analysefunktionen entwickelt werden, um die Mitarbeitenden und Führungskräfte bei der Entscheidungsfindung zu unterstützen.

6.4.7 Erfahrungen aus der Einführung bei Munsch

Zusammenfassend sind folgende Punkte wichtig, um das digitale Störmeldesystem zu implementieren:

- **Gemba:** Die digitale Transformation des analogen Prozesses lässt sich nicht von dem „Ort des Geschehens" abkoppeln. Deswegen sollten die Abweichungen direkt während des Produktionsprozesses erfasst werden. Und es ist auch wichtig, dass die Kartenerstellenden ein Feedback zu ihrer Störmeldekarte erhalten, um ihre Motivation zu steigern.
- **Kommunikation:** Eine gute Kommunikation kann die digitale Transformation beschleunigen. So kann beispielsweise der Austausch von Good Practices zwischen den Bereichen dazu beitragen, dass die Leute bei der Einführung besser abgeholt werden.
- **Führung:** Die digitale Transformation muss von den Führungskräften von oben nach unten vorangetrieben werden. Die Teamleitung und das Topmanagement sollten als Vorbild dienen, um die Nutzung des Systems voranzutreiben und die Akzeptanz der Mitarbeitenden zu gewinnen.
- **Mindset:** Für die Prozessoptimierung ist die Digitalisierung nur ein Werkzeug, der Kern muss immer das Mindset sein. Daher sind die Steigerung des Verständnisses der Mitarbeitenden für das Abweichungsmanagement und der Aufbau einer Fehlerkultur im Team immer die wichtigsten Faktoren, um einen nachhaltigen Problemlösungsprozess zu erreichen.

Das Beispiel zeigt auf, dass auch kleinere Unternehmen von der digital unterstützten Verbesserung der internen Kommunikation profitieren.

7 Entwicklungspotenziale durch digitales Shopfloor Management

Ist dSFM erst mal eingeführt, ergeben sich mittelfristig neue Potenziale. Insbesondere aus der Analyse der zur Verfügung stehenden Daten lassen sich Erkenntnisse und Handlungsempfehlungen für Nutzende generieren. In diesem Kapitel werden praxiserprobte Data Mining Use Cases zur Unterstützung des dSFM vorgestellt. Dabei geht es um die Frage, wie mithilfe von Datenanalyseverfahren Informationen für die Entscheidungsfindung aus den Performance- und Textdaten extrahiert werden können [32].

7.1 Data Analytics zur Identifikation von Zusammenhängen in KPI-Netzwerken

Die Zusammenhänge zwischen den Kennzahlen unterschiedlicher Bereiche und Ebenen sind komplex und für den Betrachter häufig schwer nachvollziehbar. Je leichter es fällt, aus der Veränderung einer Kennzahl Auswirkungen auf andere Kennzahlen abzuschätzen, desto früher und besser können Gegenmaßnahmen ergriffen werden.

7.1.1 Ausgangslage

Häufig führt eine Vielzahl von KPIs zu einer Informationsüberflutung bei Mitarbeitenden und Führungskräften, da die Zusammenhänge und Abhängigkeiten zwischen den verschiedenen KPIs schwer zu verstehen sind [33]. Zwar sollte das Kennzahlensystem einfach gehalten werden (vgl. Abschnitt 2.2), aber in großen Organisationen ist eine Aggregation verschiedener Kennzahlen zu einer übergeordneten Kennzahl unausweichlich. Aufgrund dieser Komplexität sind Veränderungen in KPI-Verläufen und Zusammenhänge unterschiedlicher KPIs nicht mehr intuitiv nachvollzieh- oder gar vorhersehbar. Daraus entsteht eine große Nachfrage nach systembasierter Entscheidungsunterstützung [34], die die Bewertung eines Kennzahlensystems vereinfacht.

7.1.2 Lösungsansatz

In einem digitalen SFM existiert eine umfassende Datenbasis über Kennzahlen und deren Verläufe. Bisher werden Abweichungen dieser Kennzahlen von Zielvorgaben für eine reaktive Verbesserung verwendet. Der Faktor Zeit spielt jedoch häufig eine entscheidende Rolle. Je früher Führungskräfte wissen, welche Herausforderungen sie in der Zukunft erwarten, desto früher können sie geeignete Maßnahmen ergreifen. Sind beispielsweise in vorgelagerten Prozessen Qualitätsprobleme aufgetreten, werden diese sich mit hoher Wahrscheinlichkeit in den nächsten Stunden oder Tagen auch im eigenen Bereich bemerkbar machen. Durch Data Analytics können auf Basis von Vergangenheitsdaten diese Zusammenhänge quantifiziert und so für zukünftige Situationen nutzbar gemacht werden. Zum Beispiel lässt sich herausfinden, wie hoch der Zeitverzug zwischen Problemen auf einer Anlage und der Auswirkung auf die Folgeprozesse ist (Bild 7.1).

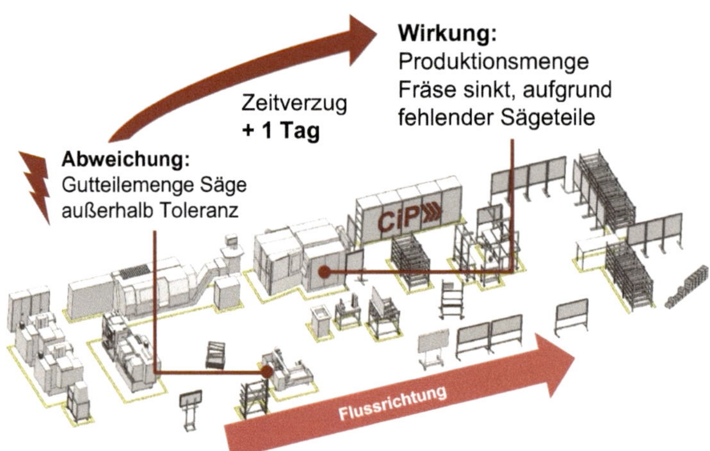

Bild 7.1 Zeitverzug zwischen zwei Prozessen am Beispiel der Prozesslernfabrik CiP

Es sollen also Zusammenhänge und Abhängigkeiten im Kennzahlennetzwerk gefunden werden. Dazu eignen sich „statistische Assoziationsmaße“. Sie können den Grad der Abhängigkeit bzw. Unabhängigkeit zwischen zwei Kennzahlen angeben. Werden Assoziationen zwischen KPIs erkannt, geben diese Aufschlüsse über Zusammenhänge im Wertstrom. Ein weitverbreiteter Vertreter dieser Assoziationsmaße ist die Korrelation, welche insbesondere durch ihre gute Interpretierbarkeit

Vorteile bietet. Mit Korrelationsanalysen können prozess- und hierarchieübergreifende Zusammenhänge erkannt und kann so einem Silodenken vorgebeugt werden: Zum Beispiel wird ein Problem an einer Fertigungslinie Auswirkungen auf die Termineinhaltung der Endmontage und damit schließlich die Liefertreue des Werks haben.

Die erkannten Zusammenhänge können dann zur proaktiven Steuerung von Produktionsprozessen bzw. des gesamten Unternehmens genutzt werden. Darüber hinaus können Kennzahlensysteme vereinfacht werden, indem auf Kennzahlen, die stark mit anderen korrelieren (d. h., sie weisen den gleichen oder einen sehr ähnlichen Verlauf auf), verzichtet wird.

Bei der technischen Realisierung einer solchen Entscheidungsunterstützung treten insbesondere zwei Schwierigkeiten auf:

- Zum einen ist die Art des Zusammenhangs (z. B. linear, quadratisch) zwischen unterschiedlichen Kennzahlen im Vorhinein nicht bekannt. Dies erschwert die Auswahl der Parameter für die Analyse.
- Zum anderen existiert oftmals ein zeitlicher Versatz zwischen der verursachenden und der abhängigen Kennzahl im Produktionsprozess. Wie bereits weiter oben beschrieben, machen sich Qualitätsprobleme in vorgelagerten Prozessschritten oft erst nach Stunden oder Tagen im eigenen Bereich bemerkbar. Dementsprechend muss ein System in der Lage sein, diesen Versatz iterativ bestimmen zu können.

7.1.3 Erfahrungen

Wie groß der Nutzen der Analyse von Zusammenhängen in KPI ist, hängt im Wesentlichen davon ab, welche Zusammenhänge identifiziert werden können und wie stark sie sind. Umfangreiche Tests an realen Praxisdatensätzen liefern hierzu interessante Ergebnisse: Auf der einen Seite wurden häufig sehr starke Korrelationen zwischen Kennzahlen gefunden. Messen Kennzahlen das Gleiche, kann das Kennzahlensystem an dieser Stelle vereinfacht werden. Auf der anderen Seite konnten interessante zeitverzögerte Ursache-Wirkungs-Beziehungen zwischen Kennzahlen identifiziert werden. So konnte bestimmt werden, wie lange es dauert, bis sich Probleme in einem Bereich in den Folgebereichen zeigen und auf welche Leistungsparameter sie wirken. Dies ermöglicht es z. B., Frühwarnsysteme umzusetzen.

Zur Visualisierung der Ergebnisse eignet sich die Darstellung der erkannten Zusammenhänge in einem Wissensgraphen (Bild 7.2). Dieser Graph zeigt die Ergebnisse von Zeitreihenauswertungen unterschiedlicher Kennzahlen. Der verwendete Korrelationskoeffizient zeigt auf, wie stark die Werte zweier Kennzahlen zu einem bestimmten Zeitpunkt t von ihrem eigenen Mittelwert entfernt sind. Entfernen sie sich zur gleichen Zeit und in der gleichen Richtung von ihrem Mittelwert, spricht man von positiver Korrelation. Verlaufen die Abweichungen vom jeweiligen Mittelwert gegenläufig, sind sie negativ korreliert. Die Stärke der Korrelation schwankt zwischen -1 und 1, da die Abweichungen normiert werden.

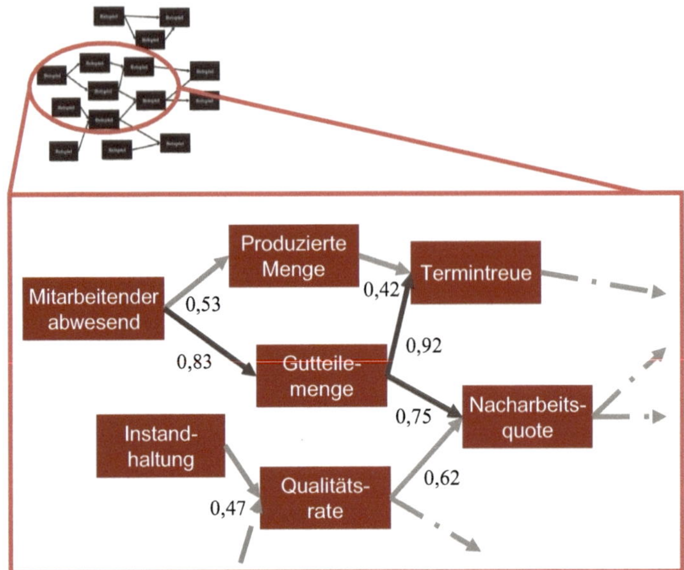

Bild 7.2 Erkannte Korrelationen zwischen Kennzahlen

Es existiert zwar keine allgemeingültige Aussage, ab wann Korrelationen als stark, mittel oder schwach angesehen werden, häufig wird jedoch folgende Orientierungshilfe verwendet [35]:

- Korrelationskoeffizienten zwischen -1 und -0,7 (oder 1 und 0,7) werden als starke Korrelationen betrachtet.
- Korrelationskoeffizienten zwischen -0,7 und -0,3 (oder 0,3 und 0,7) werden als mittelstarke Korrelationen betrachtet.
- Korrelationskoeffizienten zwischen -0,3 und 0,3 werden als schwache Korrelationen betrachtet.

Die Richtung der Beziehung, also der Zusammenhang zwischen Ursache und Wirkung, wird über den jeweiligen Pfeil gekennzeichnet. Dies ermöglicht einen übersichtlichen Überblick über vorhandene Zusammenhänge im Kennzahlennetzwerk.

Insgesamt zeigen Praxistests auch die Bedeutung der Datenqualität für einen erfolgreichen Einsatz eines solchen Systems. Nahezu alle untersuchten Datensätze wiesen eine Vielzahl an fehlenden und/oder fehlerhaften KPI-Werten auf. Die Berechnung der Zusammenhänge wird dadurch erschwert oder komplett verhindert.

Darüber hinaus zeigt sich, dass auch das vorhandene Kennzahlennetzwerk eine große Rolle für die finalen Ergebnisse spielt. Um das gesamte Potenzial eines solchen Systems entfalten zu können, muss deshalb die Auswahl sowie die vollständige und durchgängige Erfassung der Kennzahlen gut vorbereitet und eine gute Datenqualität sichergestellt werden.

In drei Schritten ermöglicht die Korrelationsanalyse eine Verbesserung des dSFM:

- Erstellung eines ausreichend großen und gut gepflegten Kennzahlennetzwerks. Die verwendete Software sollte Daten möglichst automatisiert erfassen oder zwingend einfordern und diese Daten über den Zeitverlauf speichern.
- Erzeugung und Interpretation eines Wissensgraphen. Beantwortung der Fragen, welche Kennzahlen redundant sind und welche einen relevanten zeitverzögerten Zusammenhang aufweisen.
- Umsetzen der Erkenntnisse in den Alltag: Mithilfe der erkannten Zusammenhänge die Kennzahlensysteme vereinfachen und Frühwarnsysteme installieren.

7.2 Wissensmanagement durch Empfehlungssysteme

Die weiteren Data Analytics Use Cases beschäftigen sich mit den Textdaten aus dem Abweichungsmanagement, in denen prozessbegleitend Wissen dokumentiert wird. Der erste Ansatz zeigt dabei auf, wie diese Textdaten für aufwandsarmes Wissensmanagement durch Empfehlungssysteme genutzt werden können.

7.2.1 Ausgangslage

Die große Welle des Wissensmanagements am Anfang der 2000er-Jahre, befeuert durch ein berühmtes Zitat: „Wenn Siemens wüsste, was Siemens weiß“, ist abgeklungen. Zahlreiche Systeme und Methoden zur besseren Verbreitung und Nutzung von bereits erarbeitetem Wissen wurden entworfen und auch eingeführt. Ihr großer Aufwand führt jedoch immer wieder dazu, dass sie nicht langfristig gepflegt werden – insbesondere auch in der Produktion [36].

7.2.2 Lösungsansatz

Im Abweichungsmanagement wird kontinuierlich neues Wissen erzeugt. In der analogen Welt verblieb das erzeugte Wissen bei den direkt Beteiligten oder wurde bestenfalls auf Papier dokumentiert. Damit war es nicht bereichsübergreifend oder zukünftig nutzbar. In einem dSFM wird das erarbeitete Wissen aus dem Abweichungsmanagement prozessbegleitend und zentral dokumentiert. Es entsteht eine auswertbare Wissensbasis. Dieses Wissen muss nun im richtigen Moment dem richtigen Mitarbeitenden mitgeteilt werden. Empfehlungssysteme, die insbesondere durch Onlineshops oder Streaminganbieter längst in den Alltag integriert sind, können diese Aufgabe übernehmen. Sie empfehlen den ähnlichsten Eintrag aus der Datenbank zu der neu eingegebenen Abweichung. Es gibt verschiedene Ansätze, die Ähnlichkeit zwischen Einträgen zu bestimmen. Für die Produktion ist der einfachste (inhaltsbasierte) Empfehlungsalgorithmus der geeignetste. Bei diesem Ansatz wird gezählt, welche Wörter wie oft in den einzelnen Einträgen vorkommen (Vektorisierung), und die Ergebnisse werden über relative Worthäufigkeiten gewichtet [37].

So wird ein neuer Texteintrag in eine mathematisch vergleichbare Form gebracht, die ähnlichsten bestehenden Einträge werden berechnet und die ersten fünf bis zehn angezeigt (Bild 7.3).

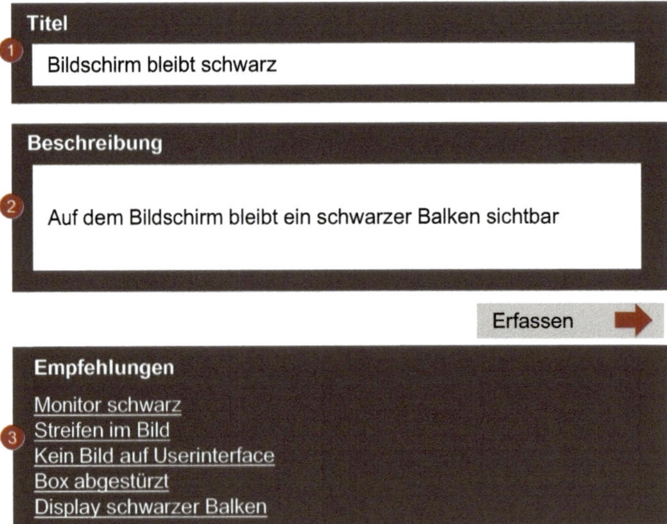

Bild 7.3 Wissensmanagement durch ein eingebettetes Empfehlungssystem [38]

Ein Teammitglied ist dabei, eine neue Abweichung mit Titel und Beschreibung aufzunehmen. Ohne Empfehlungssystem würde es diese nun erfassen und sie würde durch eine Teamleitung direkt oder erst im nächsten Shopfloor-Meeting bearbeitet.

Mit einem Empfehlungssystem sieht das Teammitglied jedoch direkt verschiedene ältere Einträge zu demselben Thema, kann eine Lösung finden und muss die Abweichung vielleicht gar nicht weitergeben.

7.2.3 Erfahrungen

Der Nutzen eines solchen Systems wird dadurch bestimmt, wie hilfreich die angezeigten Informationen sind. In umfassenden Tests mit echten Daten aus verschiedenen Unternehmen konnte gezeigt werden, dass im Schnitt drei von fünf angezeigten Empfehlungen relevant für die Lösung des Problems sind [38].

Der Aufbau eines Empfehlungssystems erfolgt in drei bzw. vier Schritten:

- Aufbau eines digitalen Abweichungsmanagements mit zentraler Datenbank.
- Nutzung des Abweichungsmanagements über mehrere Monate, um eine Datenbasis zu erstellen.
- Optional: Verbesserung der Datenqualität (vgl. Abschnitt 7.6).
- Empfehlungen für die Mitarbeitenden zur Verfügung stellen. Diese Empfehlungen müssen den Mitarbeitenden zeitgleich zur Eingabe neuer Abweichungsbeschreibungen oder Suchanfragen angezeigt werden. Das Empfehlungssystem kann also nur durch den Anbieter der Software für das Abweichungsmanagement bereitgestellt werden.

7.3 Document Clustering zur Identifikation der Topthemen

Oft ist es schwierig, diejenigen Probleme zu identifizieren, für die sich eine systematische Problemlösung lohnt. Einzelne schwerwiegende Probleme sind einfach zu identifizieren. Aber bei vielen kleinen Abweichungen stellt sich die Frage, mit welchen sich das Team beschäftigen sollte und für welche sich z. B. eine aufwendige Problemlösung lohnt. Mit dem sogenannten „Document Clustering" können die häufigsten Abweichungen systematisch und schnell erkannt werden.

7.3.1 Ausgangslage

Die klassische Empfehlung zur Einordnung und Erkennung der häufigsten Abweichungen ist die manuelle Zuweisung von Kategorien zu jeder Abweichung (vgl. Abschnitt 3.4). Dabei entsteht in der Regel eines von zwei typischen Problemen:

1. Zu viele Kategorien: Es gibt so viele Fehlerarten und Störgründe, sodass die Beschäftigten sich nicht die Mühe machen, die richtigen auszuwählen.
2. Zu wenige Kategorien: Die Kategorien sind so allgemein, dass sich auch bei richtiger Zuordnung viele unterschiedliche Themen innerhalb einer Kategorie befinden.

Hier die richtige Balance zu finden, gestaltet sich in der Praxis schwierig, was dazu führt, dass die häufigsten Probleme nach „Bauchgefühl“ oder durch aufwendiges Lesen aller Abweichungsbeschreibungen identifiziert werden. Wie ist es also möglich, die häufigsten Abweichungen ohne diesen arbeitsintensiven und fehleranfälligen Umweg der Kategorisierung zu identifizieren?

7.3.2 Lösungsansatz

Wenn die Kategorisierung übersprungen werden soll, müssen die häufigsten Abweichungen direkt aus dem Volltext erkannt werden. Wie für Empfehlungssysteme werden die Texte dafür durch Zählen von relativen Worthäufigkeiten in eine berechenbare Form gebracht. Es gibt zwar zahlreiche mathematische Verfahren, die daraus nun vollautomatisch die größten Gruppen finden können – die Richtigkeit dieser Gruppen lässt sich aber als Nutzender nicht nachvollziehen. Um die besten und nachvollziehbarsten Erkenntnisse zu erhalten, sollten die Textdaten als Graph angezeigt und dort analysiert werden (Bild 7.4).

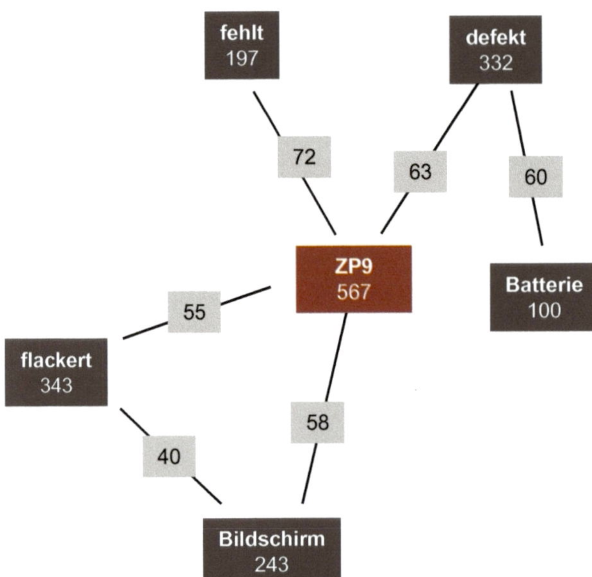

Bild 7.4 Graphenbasierte Analyse der häufigsten Begriffskombinationen [39]

In der graphenbasierten Analyse werden die häufigsten Begriffe als Knoten (hier Rechtecke) und deren Schnittmengen auf den Verbindungslinien (Kanten) angezeigt. In diesem Beispiel wurde die Komponente „ZP9" in 567 Abweichungen genannt und war damit das am häufigsten genannte Teil. 72-mal hat in dem Zusammenhang etwas gefehlt, über 60-mal wurde ein Defekt im Zusammenhang mit der Batterie beschrieben und mit einem flackernden Bildschirm gab es anscheinend auch immer wieder Probleme. In einer interaktiven App (z. B. Kibana Graph von Elastic Search, webbasiert und kostengünstig) können in diesem Graphen Analysen durchgeführt werden [40].

7.3.3 Erfahrungen

Die graphenbasierte Analyse konnte bereits in mehreren Betrieben erfolgreich eingesetzt werden, um die häufigsten Fehler richtig zu identifizieren. Sie bietet sich an, um monatliche Auswertungen zu erstellen und Problemlösungsprojekte zu priorisieren. Unternehmen, die sich bisher die Arbeit gemacht haben, ihre Fehlerdaten regelmäßig manuell zu analysieren, konnten mit dem Verfahren den Aufwand von mehreren Stunden auf unter 20 Minuten reduzieren. Da sie ihre Probleme bereits kannten, konnte auch gezeigt werden, dass mit dem Verfahren selbst fachfremde Personen, die zum Teil nicht einmal die Bedeutung der Teilebezeichnungen kennen, die häufigsten Probleme präzise identifizieren können. Andere Unternehmen konnten durch das Verfahren neue Informationen über ihre häufigsten Fehlerquellen erlangen und gezielt mit der systematischen Problemlösung starten [39].

Um Document Clustering nutzen zu können, sind ähnliche Schritte wie zur Einführung eines Empfehlungssystems notwendig:

- Aufbau eines digitalen Abweichungsmanagements mit zentraler Datenbank.
- Nutzung des Abweichungsmanagements über mehrere Monate, um eine Datenbasis zu erstellen.
- Optional: Verbesserung der Datenqualität (vgl. Abschnitt 7.6).
- Exportieren und Analysieren der Abweichungsdaten aus einem bestimmten Zeitraum (z. B. monatlich), um Problemlösungsprozesse zu starten.

Im Gegensatz zum Empfehlungssystem muss das Document Clustering nicht unbedingt in die bestehende Abweichungsmanagementsoftware integriert werden, sondern kann mit Exporten aus bestehenden Systemen durchgeführt werden.

7.4 Inline-Priorisierung von Abweichungen durch Datenanalyse

Die graphenbasierte Analyse eignet sich gut, um retrospektive Analysen durchzuführen und dadurch Problemlösungsprozesse zu starten. Durch das Einbeziehen weiterer Daten kann eine Priorisierung auch im Alltag direkt Nutzen stiften.

7.4.1 Ausgangslage

In der täglichen SFM-Stehung wird nicht für jede Abweichung ein Problemlösungsprozess gestartet, um ihre Grundursache zu ermitteln, denn Problemlösungsprozesse können aufwendig und zeitintensiv sein. Daher sollten sie mit Bedacht gestartet werden, je nach Priorität einer jeweiligen Abweichung [41]. Hilfreich bei der Priorisierung und Entscheidung über einen Problemlösungsprozess kann die Antwort auf die Frage sein: „Leistet das Abstellen genau dieser Abweichung einen Beitrag zu unseren langfristigen Zielen oder ist ein anderes Problem wichtiger?" Bei der Priorisierung nach dem Pareto-Prinzip wird die Frage gestellt: „Welche Probleme sind für den größten Teil der Zielabweichungen verantwortlich?" (vgl. Abschnitt 3.4). In der Regel sind bestehende Ansätze zur Priorisierung jedoch subjektiv oder berücksichtigen jeweils nur einen Aspekt, z.B. die Häufigkeit des Auftretens oder die Schwere einer Abweichung. In vielen Fällen wird über die Prioritäten auf der Grundlage persönlicher Einschätzungen und Erfahrungen entschieden [42].

7.4.2 Lösungsansatz

In der Produktion fallen einerseits Daten an, die eine Abweichung beschreiben. Diese liegen in vielen Unternehmen in Form von Freitexteingaben vor. Die Herausforderung liegt darin, gleiche Fehlerbilder zu erkennen und einander zuzuordnen, sodass z.B. Häufungen erkannt werden können. Auf konventionellem Weg ist es sehr aufwendig, Freitexteingaben zu analysieren, um ähnliche Abweichungen aus der Vergangenheit zu finden und die Abweichungen zu kategorisieren. Hilfe bietet hier das sogenannte Natural Language Processing (NLP), welches unterschiedliche Textdaten auf Ähnlichkeit untersuchen kann und dadurch passende Vorschläge zu einem neuen Eintrag anbietet.

Darüber hinaus fallen viele Daten an, die zur Priorisierung einer Abweichung beitragen können: die betroffenen Produktvarianten oder Maschinen, die Abweichungsdauer oder entstandene Kosten für Nacharbeit. Diese prozess- und problembezogenen Daten können durch das dSFM-System aus unterschiedlichen Quellen (wie z. B. der Betriebsdatenerfassung oder dem Manufacturing Execution System) gesammelt und dokumentiert werden, um dann für die automatische Datenanalyse zur Verfügung zu stehen [32].

Für die Priorisierung von Abweichungen sollten nur relevante Daten ausgewählt werden. Da die Priorisierung von Abweichungen zur Erreichung der übergeordneten Ziele beitragen sollte, sollten die relevanten Daten Einflüsse auf die Gesamtziele der Organisation enthalten, z. B. braucht die Optimierung der Liefertreue Zeitsummen für jeden Prozess, das Reduzieren der Nacharbeit erfordert historische Nacharbeitsaufzeichnungen. Diese Daten und ihre Gewichtung sollten mithilfe von erfahrenen Mitarbeitenden und Führungskräften festgelegt werden. Durch Zusammenfassung und Normierung der aktuellen Datenwerte können nun einzelne Faktoren (wie z. B. ein Kostenfaktor oder ein Zeitfaktor) bestimmt werden. So können nun für die Abweichungskategorien Faktorenwerte berechnet und zu einer Gesamtpriorität („Fehlerscore“, vgl. Bild 7.5) verdichtet werden [43].

Prio	Priorisierungsliste	Tendenz-note	Kosten-note	Fehler-score
1	Beschädigte Schrauben	0,669	0,856	**0,800**
2	Fehlender Teil A	0,722	0,782	**0,764**
3	Steckplatz Drehmoment nicht in Ordnung	0,584	0,474	**0,507**
4	Fehlender Teil B	0,942	0,152	**0,389**
5	Werkzeug beschädigt	0	0,455	**0,319**
...	...	...	...	...

Bild 7.5 Priorisierungsliste basierend auf Fehlerscores

Der Fehlerscore für jede Abweichung wird durch eine Kombination aus dem Trend der Zunahme dieser Abweichung im letzten Zeitraum und den Kosten für ihre Behebung bestimmt. Der Trend und die Kosten können aus den im dSFM-System gespeicherten Daten berechnet werden. Die Faktoren werden mit spezifischen Gewichten multipliziert und addiert, um den Fehlerscore zu erhalten. Je höher dieser Fehlerscore ist, desto höher ist die Priorisierung. Die Gewichte sollten ständig aktualisiert werden, da sich die Bedeutung der verschiedenen Faktoren im Laufe der Zeit ändern kann [44].

7.4.3 Erfahrungen

Die beschriebene Vorgehensweise wurde auf Daten aus einer Produktionslinie eines Automobilunternehmens angewendet. Ziel war es, dem SFM-Team durch eine Liste priorisierter Fehler auf Basis der Fehlerscores eine Entscheidungshilfe an die Hand zu geben.

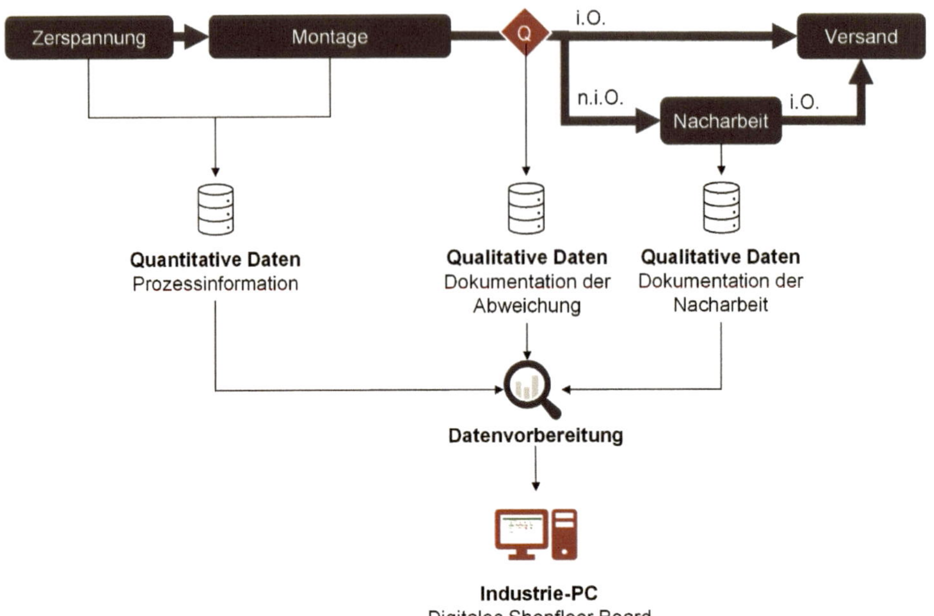

Bild 7.6 Implementierung von Fehlerscores in den Nacharbeitsprozess

Wie in Bild 7.6 dargestellt, findet am Ende der Produktionslinie eine Sichtprüfung sowie eine Qualitätskontrolle mithilfe von Prüfgeräten statt. Die Abweichungen werden über Terminals am Quality Gate erfasst und stehen im dSFM-System zur Verfügung. Produkte mit Abweichungen werden nachgearbeitet. Nach Abschluss der Nacharbeit erfassen die Mitarbeitenden ihre Nacharbeitstätigkeiten und die benötigte Zeit im dSFM-System. Vor der Einführung der Fehlerscores ging das SFM-Team in der täglichen Stehung die Nacharbeitsprotokolle durch und ermittelte so die gravierendsten Abweichungen, um Gegenmaßnahmen zu ergreifen und die Personalplanung in der Nacharbeit anzupassen. Mit den nun vorliegenden Fehlerscores konnte die Priorisierung der Qualitätsabweichungen stark verbessert werden. Eine Anwendung der Priorisierungsmethode auf historische Daten zeigte in 35 % der Fälle eine andere Priorisierung als die vom SFM-Team vorgenommene. Die nun zielgenauere Maßnahmen- und Personalplanung führte seit dem Go-live im September 2021 zu einer deutlichen Reduzierung (mehr als 20 %) der Nacharbeitsdauer.

Dieses Beispiel zeigt, dass die datengestützte Entscheidungsunterstützung sehr effektiv und praxisgerecht zur Priorisierung von Abweichungen eingesetzt werden kann.

Eingeführt wird es in vier Schritten:

- Vorverarbeitung der Daten, die zur Beschreibung und Kategorisierung von Abweichungen relevant sind (vgl. Abschnitt 7.6).
- Definition der Einflussfaktoren für die Priorisierung der Abweichungen mit Führungskräften und erfahrenen Mitarbeitenden.
- Gewichtung der Faktoren und Berechnung der Faktorenwerte.
- Berechnung der Fehlerscores und Erstellung der Priorisierungsliste.

7.5 Chat Mining zur Strukturierung der informellen Problemlösung

Häufig findet sich der Austausch von Information über betriebliche Themen und damit auch Abweichungen auf Chatplattformen statt. Dieser Use Case zeigt auf, wie auch durch diesen informellen Informationsaustausch auf dem „kurzen Dienstweg" strukturierte Daten für die Priorisierung von Abweichungen oder die Lösung von Problemen entstehen können.

7.5.1 Problem

Auch bei einem sehr gut funktionierenden dSFM bleibt eine Latenzzeit von der Meldung einer Abweichung bis zu ihrer Bearbeitung im Rahmen des SFM-Regelkreises oder bis zu ihrer Eskalation auf die nächste Führungsebene. Aufgrund eines hohen Handlungsdrucks wird daher immer wieder der strukturierte Prozess übersprungen und es werden Mitarbeitende und Führungskräfte direkt angesprochen. So wird zwar häufig eine schnelle Lösung gefunden und der Betrieb nicht aufgehalten, aber dieses Vorgehen hat zwei Nachteile: Der Erfolg hängt von einzelnen Personen ab, die die richtigen Kontaktpersonen kennen müssen, und das Wissen über ein Problem und dessen Lösung verbleibt nur bei den beteiligten Personen. Es werden keine auswertbaren Daten erzeugt.

7.5.2 Lösungsansatz

In vielen Produktionsbereichen gibt es informelle Chatgruppen. Mithilfe von Chats werden z. B. Schichten getauscht, es wird nach Rat gefragt und es kommt auch zum Austausch von Privatem. Im Chat entstehen also auch Textdaten über Abweichungen auf dem „kleinen Dienstweg". Die in den Textdaten enthaltene Information kann durch eine KI nutzbar gemacht werden, die die relevanten, abweichungsbezogenen Daten aus einer Gruppendiskussion herausfiltert (Bild 7.7).

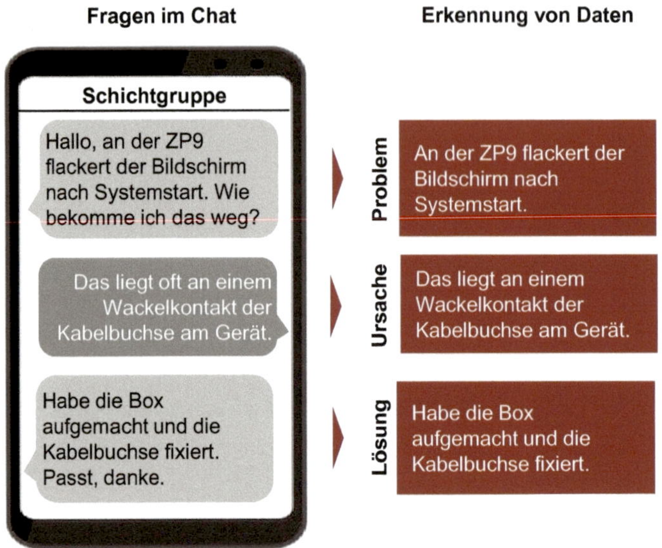

Bild 7.7 Erkennung von relevanten Inhalten in Chats [45]

7.5.3 Erfahrungen

Dieser Ansatz klingt zunächst technisch und rechtlich nicht umsetzbar. Abweichungen müssen zuverlässig von anderen Inhalten getrennt werden können und auch Datenschutzbedenken gilt es zu berücksichtigen.

Die rechtlichen Bedenken können durch einige einfache Maßnahmen ausgeräumt werden:

- Hosten der App auf eigenen Servern
- Funktionale statt persönlicher Accounts
- Nutzende müssen das Speichern von als relevant erkannten Texten bestätigen

Auch technisch können moderne Sprach-KIs die inhaltliche Unterscheidung zuverlässig leisten. Zum Beispiel wurde in der Prozesslernfabrik CiP der TU Darmstadt die von Google entwickelte KI BERT mit gelabelten Chats aus der Produktion trainiert. Aufgrund dieses Trainings ist sie nun dazu in der Lage, zu erkennen, wenn ein Chat auf ein Problem an einer Komponente oder Maschine hinweist. Sie empfiehlt daraufhin den Teilnehmenden des Chats, das Thema ins dSFM-System zu übertragen. Die Nutzenden können dann ihre Freigabe zur Übertragung erteilen oder verweigern. Dies dient auch zur Sicherung der Datenqualität. Es hat sich gezeigt, dass auf diese Weise nur Daten übertragen werden, die relevant und für andere Nutzende verständlich sind [46].

Ein solches Tool zur Strukturierung der informellen Prozesse hilft insbesondere dann, wenn die Beschäftigten zeitlich oder räumlich verteilt arbeiten, und wird in fünf Schritten umgesetzt [46]:

- Bereitstellung einer Chat-App für die Mitarbeitenden
- Mehrmonatige Nutzung der App, um eine Datengrundlage zu erzeugen
- Markierung von relevanten und irrelevanten Daten
- Trainieren des Sprachmodells auf die bereichsspezifische Sprache
- Umsetzung der Interaktionsfähigkeiten: Empfehlungen geben und speichern im dSFM

In Kombination mit einem Empfehlungssystem (vgl. Abschnitt 7.2) kann der Chatbot selbst auch direkt Antworten auf die gestellten Fragen geben.

7.6 Aufbereitung von Textdaten als Voraussetzung für das Text Mining

„Nette Idee, aber in meinem Produktionsbereich kann das nicht funktionieren. Die Qualität der Textdaten ist viel zu schlecht.“ Dies ist eine häufige Reaktion auf die Empfehlung, Text-Mining-Methoden in der Produktion einzusetzen. Jedoch lassen sich Rechtschreibfehler, Abkürzungen und spezielle Begriffe schrittweise automatisiert erkennen und – wo notwendig – eliminieren.

7.6.1 Problem

In jedem Produktionsbereich gibt es einen spezifischen „Slang“ aus Produkt- und Betriebsmittelbezeichnungen sowie deren Abkürzungen. Darüber hinaus wird der grammatikalischen Vollständigkeit der Sätze oder der Rechtschreibung während der Abweichungsbeschreibung häufig nur wenig Aufmerksamkeit geschenkt.

Durch unterschiedliche Schreibweisen, Abkürzungen und Synonyme kann es vorkommen, dass zwei Abweichungsbeschreibungen, die das Gleiche bedeuten, sich nicht in einem Wort überschneiden:

„ZP9 n. i. O. Bildschirm flackert bei Systemstart. HDMI-Buchse defekt.“

und

„ZP9 n.i.O. Monitor flackret nach Start. HDMI Buchse def.“

Diese Eigenschaften der Textdaten in der Produktion erschweren die Auswertung. Sie müssen bei der Auswahl der Analysemethoden berücksichtigt werden, aber die negativen Auswirkungen können auch durch einfache Maßnahmen reduziert werden [47].

7.6.2 Lösungsansatz

KI-Modelle werden in der Regel mit Wikipedia oder großen Büchersammlungen trainiert, kennen also eher ausführliche Texte. Auch bereichsspezifische Abkürzungen können sie nicht kennen. Möchte man den Inhalt einer Beschreibung mithilfe von KI erkennen, ist es daher notwendig, dem Modell die neuen Ausdrücke zu „zeigen“. Dies ist aufwendig, ermöglicht aber auch die Interpretation von Semantik (vgl. Abschnitt 7.5). Für die meisten Use Cases in der Produktion (vgl. Abschnitte 6.2 bis 6.4) ist es aber nur erforderlich, die Ähnlichkeit zwischen den Beschreibungen zu bestimmen. Die dafür verwendeten gewichteten Worthäufigkeiten ignorieren Füllwörter und Grammatik – brauchen also keine vollständigen Sätze –, sind aber besonders anfällig gegen Rechtschreibfehler und Synonyme.

Analysen und Tests haben gezeigt, dass in den wirklich wichtigen Wörtern der Abweichungsbeschreibungen kaum Rechtschreibfehler vorkommen. Eine automatische Rechtschreibkorrektur kann zwar die Textdaten etwas verbessern, für die Ergebnisse der Analysen fällt dies aber nicht ins Gewicht. Wichtiger ist es, die Synonyme zu erkennen. Durch das Vereinheitlichen von Abkürzungen und Sonderzeichen wird dann aus den oben genannten Beispielsätzen Folgendes:

„ZP9 niO. Bildschirm flackert bei Systemstart. HDMI Buchse defekt.“

bzw.

„ZP9 niO. Monitor flackret nach Start. HDMI Buchse defekt.“

Auch ohne die Korrektur des Rechtschreibfehlers oder das Ersetzen der Synonyme Bildschirm/Monitor oder Start/Systemstart überschneiden sich nun bereits fünf Wörter, wodurch die Ähnlichkeit der beiden Beschreibungen ausreichend bestimmt werden kann.

7.6.3 Erfahrungen

Tests haben gezeigt, dass es nicht notwendig ist, alle Fehler und Synonyme in den Abweichungsbeschreibungen zu korrigieren, um Text-Mining-Methoden mit sehr guten Ergebnissen umzusetzen. Abkürzungen und Sonderzeichen lassen sich in vier Schritten leicht finden und korrigieren, um die Textdatenqualität ausreichend zu erhöhen:

- Suche von allen Begriffen unter fünf Zeichen oder mit Sonderzeichen in allen Beschreibungen
- Auflisten dieser Begriffe nach Häufigkeit
- Manuelles Screening der 100 häufigsten Begriffe nach Synonymen
- Ersetzen der Synonyme in allen Dokumenten

Mit etwas Softwareunterstützung können so die relevanten Textdaten in circa 30 Minuten ausreichend aufbereitet werden. Da sich der Sprachgebrauch regelmäßig ändert, sollte das Verfahren jährlich wiederholt werden, um die guten Ergebnisse der Textanalyse beizubehalten [48].

8 Literatur

[1] Liker, J. K.: *Der Toyota-Weg. 14 Managementprinzipien des weltweit erfolgreichsten Automobilkonzerns*. Auflage von 2006. München: FinanzBuch-Verlag 2006

[2] Liker, J. K.; Meier, D.: *The Toyota way fieldbook. A practical guide for implementing Toyota's 4Ps*. New York: McGraw-Hill 2006

[3] Abele, E.; Reinhart, G.: *Zukunft der Produktion. Herausforderungen, Forschungsfelder, Chancen*. München: Hanser 2011

[4] Reiche, L.: „Toyota stößt GM in den USA vom Thron". Internet: *https://www.manager-magazin.de/unternehmen/autoindustrie/toyota-stoesst-general-motors-in-usa-vom-thron-a-5469314f-6628-410e-9d29-a649fe265a7a*. Zugriff am 21. 01. 2023

[5] Imai, M.: *Kaizen. Der Schlüssel zum Erfolg der Japaner im Wettbewerb*. Berlin: Ullstein 1998

[6] Liker, J. K.: *Der Toyota-Weg. 14 Managementprinzipien des weltweit erfolgreichsten Automobilkonzerns*. Auflage von 2013. München: FinanzBuch-Verlag 2013

[7] Generiert mit Midjourney

[8] Deming, W. E.: *Elementary Principles of the Statistical Control of Quality*. Tokio: Nippon Kagaku Gijutsu Remmei 1950

[9] Meister, M. et al.: „Problem-solving process design in production: Current progress and action required", in: *Procedia CIRP* 78 (2018), S. 376 – 381

[10] Pyzdek, T.: *The Six Sigma handbook. A complete guide for green belts, black belts, and managers at all levels*. New York: McGraw-Hill 2003

[11] Sobek, D. K.; Smalley, A.: *Understanding A3 thinking. A critical component of Toyota's PDCA management system*. Boca Raton, Fla.: CRC Press 2008

[12] Garvin, D. A.: „Building a Learning Organization", in: *Harvard Business Review* 71 (1993) 4, S. 78 – 91

[13] Shook, J.: „Lean Leadership. Presentation at the Lean Summit". Brasilien 2008

[14] Peters, R.: *Shopfloor Management. Führen am Ort der Wertschöpfung*. Stuttgart: LOG_X 2009

[15] Hertle, C. et al.: „Das Darmstädter Shopfloor Management-Modell", in: *ZWF Zeitschrift für wirtschaftlichen Fabrikbetrieb* 112 (2017) 3, S. 118 – 121

[16] Leyendecker, B.; Pötters, P.: *Shopfloor Management. Führung am Ort des Geschehens*. München: Hanser 2018

[17] Liker, J. K.; Meier, D.: *Praxisbuch, der Toyota Weg für jedes Unternehmen. Das Begleitbuch zum Klassiker*. München: FinanzBuch-Verlag 2016

[18] Pareto, V.: *Cours d'Économie Politique. Nouvelle édition par G.-H. Bousquet et G. Busino*. Genf: Librairie Droz 1964

[19] Landmann, N.; Schat, H.-D. (Hrsg.): *Ideen erfolgreich managen. Neue Perspektiven, aktuelle Branchenbeispiele, wissenschaftliche Grundlagen und Erkenntnisse*. Wiesbaden: Springer Fachmedien 2019

[20] Kepner, C.H.; Tregoe, B.B.: *The new rational manager*. Princeton: Princeton Research Press 1981

[21] Rother, M.: *Die Kata des Weltmarktführers*. Frankfurt: Campus 2013

[22] Csikszentmihalyi, M.: *Flow. The psychology of happiness*. London: Rider 2022

[23] Metternich, J.: „Das Center für industrielle Produktivität. Ihr Partner für die schlanke und digitale Produktion". Internet: *https://www.ptw.tu-darmstadt.de/prozesslernfabrik/*. Zugriff am 25.01.2023

[24] Iuga, M.V.: „Visual communication in lean organizations", in: *MATEC Web of Conferences* 121 (2017), S. 2005

[25] Lanza, G. et al.: *Auf dem Weg zum digitalen Shopfloor Management. Eine Studie zum Stand der Echtzeitentscheidungsfähigkeit und des Industrie 4.0-Reifegrads*. Karlsruhe: Karlsruher Institut für Technologie (KIT) 2018

[26] Hertle, C. et al.: „Digitales Shopfloor Management – Neue Impulse für die Verbesserung der Werkstatt", in:. *PRODUCTIVITY Management* 22 (2017)

[27] Meissner, A. et al.: „Digitalization as a catalyst for lean production: A learning factory approach for digital shop floor management", in: *Procedia Manufacturing* 23 (2018), S. 81 – 86

[28] Clausen, P.; Mathiasen, J.B.; Nielsen, J.S.: „Smart Manufacturing Through Digital Shop Floor Management Boards", in: *Wireless Personal Communications* 2020, S. 3609

[29] Eriksson, S. et al.: „Visual management in the era of industry 4.0: Perceived advantages and disadvantages of digital boards", in: *International Journal of Advanced Operations Management* 15 (2023) 1, S. 1

[30] Kandler, M. et al.: „Shopfloor Management Acceptance in Global Manufacturing", in: *Procedia CIRP* 115 (2022), S. 190 – 195

[31] Krips, D.: *Stakeholdermanagement*. Berlin, Heidelberg: Springer 2017

[32] Longard, L. et al.: „Digitales Shopfloor Management – Wohin geht die Reise?", in: *ZWF Zeitschrift für wirtschaftlichen Fabrikbetrieb* 115 (2020) 9, S. 645 – 649

[33] Eaidgah, Y. et al.: „Visual management, performance management and continuous improvement", in: *International Journal of Lean Six Sigma* 7 (2016) 2, S. 187 – 210

[34] Burdensky, D.M.A.; Kneissl, B.; Alt, R.: *Deskriptive Analyse von Kennzahlenrelationen*. Leipzig, München: Multikonferenz Wirtschaftsinformatik (2018)

[35] Cohen, J.: *Statistical Power Analysis for the Behavioral Sciences*. London: Taylor & Francis 1988

[36] Birtel, F.; Wötzel, A.: *Branchenindikator Instandhaltung. Ergebnisse Q3 2018*. Aachen: Forschungsinstitut für Rationalisierung 2018

[37] Klahold, A.: *Empfehlungssysteme. Recommender Systems – Grundlagen, Konzepte und Lösungen*. Wiesbaden: Vieweg+Teubner 2009

[38] Müller, M. et al.: „Knowledge management on the shop floor through recommender engines", in: *Procedia Manufacturing* 52 (2020), S. 344 – 349

[39] Müller, M.; Alexandi, E.; Metternich, J.: „Digital shop floor management enhanced by natural language processing", in: *Procedia CIRP* (2021) 96, S. 21 – 26

[40] Elasticsearch B.V.: „Kibana Graph". Internet: *https://www.elastic.co/guide/en/kibana/current/xpack-graph.html*. Zugriff am 12.12.2021

[41] Künzel, H. (Hrsg.): *Erfolgsfaktor Lean Management 2.0*. Berlin, Heidelberg: Springer 2016

[42] Zaidat, A.; Boucher, X.; Vincent, L.: „A framework for organization network engineering and integration", in: *Robotics and Computer-Integrated Manufacturing* 21 (2005) 3, S. 259 – 271

[43] Longard, L. et al.: „Reduced Rework Through Data Analytics and Machine Learning – A Three Level Development Approach", in: *SSRN Electronic Journal* (2021)

[44] Wang, Y. et al.: *Beyond Pareto Analysis: A Decision Support Model for the Prioritization of Deviations with Natural Language Processing*. Hannover: publish-Ing. 2023

[45] Müller, M.; Frick, N.; Metternich, J.: „Wissen aus betrieblichen Chats nachhaltig nutzen/Results of the transfer project ,text analyses in company practice – TexPrax'. Sustainable use of knowledge from company chats", in: *Werkstattstechnik online* 111 (2021) 01 – 02, S. 93 – 96

[46] Müller, M. et al.: „Extracting problem related entities from production chats to enhance the data base for assistance functions on the shop floor", in: *Procedia CIRP* 103 (2021), S. 231 – 236

[47] Müller, M.; Metternich, J.: „Production specific language characteristics to improve NLP applications on the shop floor", in: *Procedia CIRP* 104 (2021), S. 1890 – 1895

[48] Müller, M.; Longard, L.; Metternich, J.: „Comparison of preprocessing approaches for text data in digital shop floor management systems", in: *Procedia CIRP* 107 (2022), S. 179 – 184

9 Zum Download

Unter *plus.hanser-fachbuch.de* steht für Sie zum Download bereit:

- Poster für das dSFM-Einführungsvorgehen
- Vorlage für ein Lastenheft mit Nutzwertanalyse für eine dSFM-Software
- Vorlage für ein Shopfloor Management-Audit
- Vorlage zur Berechnung der Amortisationsdauer für die dSFM-Einführung

10 Das Autorenteam

Prof. Dr.-Ing. Joachim Metternich leitet das Institut für Produktionsmanagement, Technologie und Werkzeugmaschinen (PTW) in Darmstadt. Nach dem Studium des Wirtschaftsingenieurwesens und der Promotion an der TU Darmstadt war er während seiner elfjährigen Industrietätigkeit für mehrere deutsche Konzerne an nationalen und internationalen Produktionsstandorten tätig. Zuletzt war er für das weltweite Produktionssystem eines Maschinenbauunternehmens verantwortlich, bevor er an die TU Darmstadt zurückkehrte. Sein Forschungsschwerpunkt liegt auf dem Gebiet schlanker Wertströme sowie dem Einsatz von Digitalisierung und Machine Learning zur Weiterentwicklung der „Lean Production".

Dr. Marvin Müller ist Customer Success Manager bei der SFM Systems GmbH. Dort arbeitet er an der Weiterentwicklung und Einführung von digitalem Shopfloor Management bei Industriekunden. 2022 hat er seine Dissertation zum Thema Text Mining im digitalen Shopfloor Management am Institut für Produktionsmanagement, Technologie und Werkzeugmaschinen (PTW) an der TU Darmstadt abgeschlossen.

Dr. Christian Hertle ist Gründer und Geschäftsführer der SFM Systems GmbH und verantwortlich für den Bereich Business Development. Er hat am Institut für Produktionsmanagement, Technologie und Werkzeugmaschinen (PTW) an der TU Darmstadt mehrere Jahre zu Shopfloor Management und dessen Digitalisierung gearbeitet, bevor er 2017 seine Dissertation zum Thema Kompetenzentwicklung im Shopfloor Management erfolgreich abgeschlossen hat. Seit 2018 unterstützt er bei SFM Systems Unternehmen bei der Digitalisierung ihres Shopfloor Managements.

Lukas Longard (M. Sc.) ist seit 2019 Oberingenieur und Doktorand am Institut für Produktionsmanagement, Technologie und Werkzeugmaschinen (PTW) an der TU Darmstadt. Seine Forschungsschwerpunkte umfassen die Weiterentwicklung und Einführung von datengetriebenen Ansätzen in digitale Shopfloor Management- und Performance Management-Systeme. Im Rahmen seiner Tätigkeit am Institut berät er KMU zu den Themen Digitalisierung und schlanke Produktion.

Yuxi Wang (M. Sc.) ist seit 2021 wissenschaftliche Mitarbeiterin und Doktorandin am Institut für Produktionsmanagement, Technologie und Werkzeugmaschinen (PTW) an der TU Darmstadt. Ihr Hauptforschungsgebiet ist das datenbasierte Entscheidungsunterstützungssystem für das Abweichungsmanagement auf dem Shopfloor.

Index

O

P

R

S

T

U

V

W

Z